Всеволод Сорокин
Татьяна Колосова
Сергей Костромин

Металлоалмазные композиции для отрезных кругов

Всеволод Сорокин
Татьяна Колосова
Сергей Костромин

Металлоалмазные композиции для отрезных кругов

LAP LAMBERT Academic Publishing

Impressum / **Выходные данные**

Bibliografische Information der Deutschen Nationalbibliothek: Die Deutsche Nationalbibliothek verzeichnet diese Publikation in der Deutschen Nationalbibliografie; detaillierte bibliografische Daten sind im Internet über http://dnb.d-nb.de abrufbar.
Alle in diesem Buch genannten Marken und Produktnamen unterliegen warenzeichen-, marken- oder patentrechtlichem Schutz bzw. sind Warenzeichen oder eingetragene Warenzeichen der jeweiligen Inhaber. Die Wiedergabe von Marken, Produktnamen, Gebrauchsnamen, Handelsnamen, Warenbezeichnungen u.s.w. in diesem Werk berechtigt auch ohne besondere Kennzeichnung nicht zu der Annahme, dass solche Namen im Sinne der Warenzeichen- und Markenschutzgesetzgebung als frei zu betrachten wären und daher von jedermann benutzt werden dürften.

Библиографическая информация, изданная Немецкой Национальной Библиотекой. Немецкая Национальная Библиотека включает данную публикацию в Немецкий Книжный Каталог; с подробными библиографическими данными можно ознакомиться в Интернете по адресу http://dnb.d-nb.de.
Любые названия марок и брендов, упомянутые в этой книге, принадлежат торговой марке, бренду или запатентованы и являются брендами соответствующих правообладателей. Использование названий брендов, названий товаров, торговых марок, описаний товаров, общих имён, и т.д. даже без точного упоминания в этой работе не является основанием того, что данные названия можно считать незарегистрированными под каким-либо брендом и не защищены законом о брендах и их можно использовать всем без ограничений.

Coverbild / Изображение на обложке предоставлено: www.ingimage.com

Verlag / Издатель:
LAP LAMBERT Academic Publishing
ist ein Imprint der / является торговой маркой
AV Akademikerverlag GmbH & Co. KG
Heinrich-Böcking-Str. 6-8, 66121 Saarbrücken, Deutschland / Германия
Email / электронная почта: info@lap-publishing.com

Herstellung: siehe letzte Seite /
Напечатано: см. последнюю страницу
ISBN: 978-3-659-44414-2

ОГЛАВЛЕНИЕ

ПРЕДИСЛОВИЕ

Достижения в области фундаментальных и технических наук позволили создавать новую технику с высокими эксплуатационными показателями, долговечностью и надежностью. Для воплощения разработок в реальные конструкции, инструменты, изделия необходимо иметь разнообразные технические материалы со специальными, качественно отвечающими их от прежних материалов, свойствами. Среди этих материалов одной из разновидностей являются объекты из металлических порошков. Технологические процессы порошковой металлургии разнообразны, охватывают широкую область получения материалов разных назначений.

Одним из способов формования металлических порошков в пористые листовые заготовки с последующим спеканием является их прокатка в валках с получением тонких лент. По данным В.Д. Джонса, «прокатку металлических порошков применяют с 1902 г.» (W.D. Jones/Fundamental principles of powder metallurgy, London, 1960).

Первый в мире патент №154998 (Германия) по прокатке порошка тугоплавкого тантала был выдан в 1904 г. Немецкий электротехнической фирме «Сименс-Гальске».

В СССР исследования по прокатке сыпучих металлических порошков между вращающимися валками прокатного стана впервые начал Г.И. Аксенов в политехническом институте г. Нижнего Новгорода. Специализированный экспериментальный стан с электроприводом по схеме Леонирдо для этих работ введен в эксплуатацию 30 мая 1950 г. В лаборатории материаловедения. Первоначально изучали прокатку порошков железа и никеля с различным размером частиц.

Многолетние последующие исследования и разработки по созданию технологий изготовления порошковых листовых материалов различного назначения на основе способа прокатки металлических порошков привели к формированию Нижегородской научно-технологической школы порошковой металлургии и материаловедения. Основные направления разработок этой школы следующие:

- *антифрикционные материалы*: листовой прокат для крупногабаритных подшипников скольжения машин; уплотнительные материалы для газотурбинных двигателей;

- *пористые листовые материалы*: фильтровальные материалы из порошков хромоникелевых нержавеющих сталей, титана и никеля для тонкой очистки жидких сред от частиц механических примесей в различных промышленных системах; проницаемые для жидкостей и газов материалы различного назначения, газожидкостные разделители и др.;

- *металлоалмазные порошковые композиции* для отрезных кругов разрезания тонких пластин из полупроводниковых материалов (кремния, арсенида галлия и др.) и особо твердых диэлектрических материалов (сапфира, поликора, граната и др.).

Прокат из металлических порошков выпускается на одном из заводов черной металлургии Нижегородского региона Российской Федерации.

В 1950-е и последующие годы исследования по теории и технологии прокатки и спекания металлических порошков, разработке разных видов порошкового проката выполнялись в СССР многими научными коллективами. Обширные работы провели Г.А. Виноградов, В.П. Каташинский, О.А. Катрус (Киев), Е.Б. Ложечников (Минск), Н.Н. Павлов (Санкт-Петербург) с сотрудниками и другие ученые. Результаты исследований опубликованы в научных монографиях и многочисленных статьях в периодических изданиях.

В книге изложены систематизированные результаты исследований в области создания металлоалмазных композиций для отрезных кругов разделения в производстве изделий электронной техники.

Представлены данные о составе металлических матриц и алмазных наполнителях. Описана технологическая схема изготовления композиций с использованием способа порошковой металлургии и упрочняющей механико-термической обработки.

Рассмотрено обоснование применения оригинальных трехкомпонентных составов металлических матриц на основе меди, никеля, железа для изготовления отрезных кругов. Прогнозирование и оптимизация составов и технологий обеспечены применением планирования экспериментов с последующим анализом графических построений.

Представлены данные о характеристиках отрезных кругов разделения в технологии алмазно-абразивной обработки пластин из полупроводниковых и диэлектрических материалов.

Для научных и технических работников, занимающихся вопросами материаловедения в области электронной техники и технологиями обработки неметаллических твердых и хрупких материалов.

1.АНАЛИЗ УСЛОВИЙ РАБОТЫ ОТРЕЗНЫХ КРУГОВ

Разрезание полупроводниковых, диэлектрических и других аналогичных твердых и хрупких материалов выполняется способами алмазно-абразивной обработки [1]. При этом используют инструменты, содержащие обычно 25% по объему (100%-ная условная концентрация абразива) алмазных порошков. Размер зерен и концентрацию алмазного наполнителя, состав связки и технологию изготовления инструментов выбирают исходя из обеспечения высокого качества обрабатываемых изделий, работоспособности и стойкости инструмента при проведении алмазно-абразивной обработки.

Алмазосодержащие материалы представляют собой тонкие пластины, служащие заготовкой для изготовления бескорпусных кругов с наружной режущей кромкой.

Требования к материалам алмазного наполнителя и связки обрезных кругов определяются условиями их работы.

Такие круги по общепринятой модели представляют как вращающуюся тонкую упругую пластинку, нагреваемую в области контакта с разрезаемым неметаллическим материалом. Динамическая устойчивость вращающегося круга зависит от частоты его вращения и скорости подачи. В случае обеспечения динамической устойчивости кругов предельные характеристики физико-механических свойств материала круга «связка-наполнитель» определяются из следующих основных лимитирующих условий.

При излишне большом упрочнении материала связки и пониженном сопротивлении хрупкому разрушению отрезные круги выходят из строя вследствие выкрашивания режущей кромки инструмента.

В случае некоторого оптимального соотношения прочности и вязкости разрушения (трещиностойкости) кругов, предотвращающем преждевременное нарушение работоспособности режущей кромки, долговечность работы инструмента определяется износостойкостью по наружному диаметру круга.

Некоторые данные результатов испытаний по прорезанию глубоких узких пазов в пластинах кремния приведены в табл. 1. Диаметр пластин кремния 76 мм [2].

Таблица 1 – Данные о причинах выхода из строя отрезных кругов

Страна, фирма	Толщина режущей кромки в, мкм	Режимы резания			Причина выхода кругов из строя, %	
		$n \cdot 10^4$, мин$^-$	V_s, мм/с	t, мкм	Разрушение кромки	Износ кромки
Корпусные круги						
США,Tempress	25…30	3,0..5,2	80	200..250	40…53	47…60
Англия,SAC			100		70	30
СССР,круги ДАР			100		85…90	10…15
Бескорпусные круги						
Япония,Disco	30	5	140	270…300	100	-
СССР, Н.Новгород	36	5	150	270…300	20	80

Примечание:

n - частота вращения кругов;

V_s – скорость подачи;

t – глубина резания.

Как видно, в большинстве случаев отрезные круги при прорезании в пластинах кремния пазов глубиной 200…300 мкм и принятых режимах резания выходили из строя вследствие разрушения режущей кромки круга.

В большинстве случаев круги становились неработоспособными вследствие недостаточной прочности и разрушения при резании режущей кромки.

Фрактографический анализ поверхностей разрушения кругов показал, что в случаях разрушения режущей кромки наблюдается «ручьистая» поверхность скола хрупкого разрушения. Для отрезных кругов, вышедших из строя вследствие износа, при испытаниях на разрушение установлен «ямочный» рельеф вязкого разрушения (рис.1)

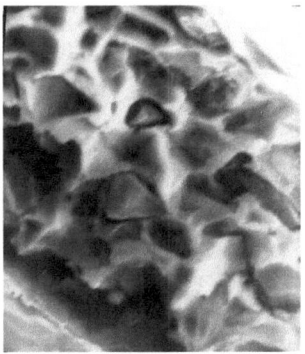

Рис. 1 – Фрактографический анализ поверхности вязкого разрушения отрезных кругов (х5000).

Одной из причин выхода из строя отрезных кругов является происходящий в процессе работы инструмента «загиб» выступающей из фланцев крепления части круга. Этот дефект происходит в случае недостаточной продольной жесткости и прочности на изгиб тонкой режущей кромки.

Такой дефект наблюдался при прорезании пазов в пластинах кремния в случае t=250…350 мкм отрезными кругами на оловянно-никелевой бронзе состава Cu – 12%Sn – 13%Ni, армированных промежуточным слоем сетки из латуни Л80 или никеля НП2. Режущая кромка круга выступала из фланцев крепления на 0,45…0,65 мм. Применение армирующей сетки из бронзы БрОФ6,5-0,15 привело к устранению дефекта «загиб режущей кромки».

За критерий работоспособности отрезных кругов принимают численные значения максимально возможных величин двух показателей режимов резания: скорости подачи V_s и частоты вращения кругов n. Они определяются при проведении испытаний по резанию тех или иных материалов по принятой технологии резания с постепенно повышающимися параметрами режимов до достижения стадии разрушения режущей кромки при прочных равных условиях испытаний. Эти предельные показатели называют соответственно «разрушающей скоростью подачи V_{sp}» и «разрушающей частотой вращения круга n_p». Некоторые характерные данные о работоспособности отрезных порошковых кругов и кругов, армированных промежуточным слоем сетки из бронзы БрОФ6,5-0,15 представлены в табл. 2.

Таблица 2 – Предельные показатели работоспособности отрезных кругов толщиной 36 мкм

Марка и концентрация алмазов, %	$n_p \cdot 10^3$ мин$^{-1}$ при V_s=110 мм/с	V_{sp},мм/с при n=50000 мин$^{-1}$		Стойкость кругов N, тыс.резов
		пределы	средняя	
Порошковые круги				
АСМ10/7 - 100	70…80	-	230	11,7…15,1
Круги, армированные бронзовой сеткой				
АСМ10/7 - 100	-	230…320	310	14,4…21,0
АСМ10/7 - 125	80…90	270…320	310	21,0…39,4
АСМ10/7 - 150	-	270…320	310	19,4…40,0

Примечание. Глубина прорезей в пластинах кремния составляет t=250 мкм.

Из приведенных данных видно, что более высокую работоспособность имеют отрезные круги, армированные промежуточным слоем бронзовой сетки. Отдельные такие круги показали при испытаниях максимальную стойкость N_{max}=(42…54)$\cdot 10^3$ резов (прорезей). Как правило, у армированных кругов не происходит преждевременного хрупкого разрушения режущей кромки и они работоспособны до полного возможного изнашивания выступающей из фланцев части режущей кромки.

При уменьшении размера выступающей из фланцев части круга («вылета») ниже допустимого проводят замену на фланцы крепления меньшего диаметра.

В случаях хрупкого разрушения режущей кромки у порошковых кругов для их повторного использования   проводят абразивную правку кромки шлифованием на круглошлифовальном станке на меньший наружный диаметр с одновременной заменой фланцев крепления.

Таким образом, один отрезной круг используется обычно трехкратно, что существенно увеличивает общую стойкость данного круга.

Некоторые сравнительные данные о стойкости отрезных кругов при разрезании пластин различной твердости и хрупкости представлены в табл. 3.

Таблица 3 – Стойкость отрезных кругов при разрезании пластин арсенида галлия, кремния и сапфира

Алмазный наполнитель	Толщина круга, мкм	Режим резания			Стойкость кругов, погонные метры
		$n \cdot 10^3$ мин$^{-1}$	V_s, мм/с	t, мкм	
Арсенид галлия d=40 мм					
АСМ7/5-100	35	30	20	200	650
Кремний d=76 мм					
АСМ10/7-100	35	50	110	250	700...900
Сапфир d=76 мм					
АС50/40-100	120	9	2	350	18

Наиболее высокую стойкость имеют отрезные круги при прорезании пазов в пластинах кремния, несколько меньшую в случае резания арсенида галлия.

При сквозном разрезании пластин из высокотвердого сапфира, приклеенных на стеклянные подложки, стойкость резко снижается.

Характерным является применение шлифпорошка алмаза зернистостью 50/40 мкм и повышенной толщины круга h=120 мкм. Резание проводится при весьма низкой скорости подачи V_s=2 мм/с.

Показателем качества разрезания пластин является размер сколов С, образующихся по кромкам прорезей. Некоторые данные о величине С при разрезании или прорезании пазов в разных материалах при использовании алмазов различной зернистости приведены в табл.4.

9

Таблица 4 – Размер сколов по кромкам прорезей при резании различных материалов

Разрезаемый материал	Зернистость алмазного наполнителя, мкм							
	7/5	10/7	14/10	20/14	28/20	63/50	80/63	100/80
	Размер сколов, мкм							
Кремний	-	9	14	16	19	-	-	-
Арсенид галлия	21	24	-	-	-	-	-	-
Сапфир	-	-	-	3	-	22	37	-
Поликор	-	-	-	7	-	26	47	66
Кварц	-	-	-	-	-	37	42	66

Как видно, с возрастанием зернистости алмазных порошков размер сколов по кромкам прорезей повышается. Алмазные микропорошки АСМ7/5, АСМ10/7 и др. применяют при разрезании пластин из кремния, арсенида галлия и др. полупроводниковых материалов.

Для разрезания высокотвердых сапфира, поликора, кварца и др. используют более прочные алмазные шлифпорошки крупных фракций 50/40, 63/50, 80/63, 100/80.

2. КЛАССИФИКАЦИЯ АЛМАЗНЫХ НАПОЛНИТЕЛЕЙ И ПРИМЕРЫ ПРИМЕНЕНИЯ

Алмазы, характеризующиеся наиболее высокой твердостью, имеют кристаллическую кубическую решетку, в которой атомы углерода расположены в вершинах и в центре каждой грани куба. Еще четыре атома углерода расположены внутри куба в центре четырех меньших кубов из восьми, на которые можно разделить решетку гранецентрированного куба (рис.2) [3].

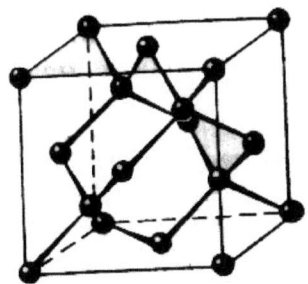

Рис. 2 – Кристаллическое строение алмаза

В кристаллической решетке алмаза любой атом углерода связан с соседними четырьмя атомами углерода ковалентными σ-связями. Энергия связи между атомами равна 356 кДж/моль.

Рассмотрим формирование орбиталей атомов углерода в кристаллической решетке алмаза. Для свободного атома углерода «С» имеет место следующая электронная конфигурация:

$$6.\ C.\ 1s^2\ 2s^2\ 2p^2$$

Схема распределения электронов дана на рис. 3.

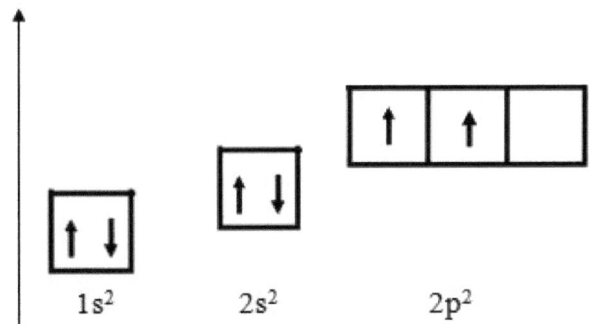

Рис. 3 – Схема распределения электронов у свободного атома углерода

Последовательность заполнения электронных состояний в пределах подгруппы определяется пределом Гунда (Хунда). Сначала заполняются состояния с различными значениями квантового числа m_c при одинаковом значении проекции спина до заполнения всех его состояний, затем начинается их заполнение электронами с противоположной проекцией спина.

При образовании алмазов происходит sp^3 - гибридизация орбиталей атомов углерода, что приводит к образованию четырех гибридных атомных орбиталей, направленных к вершинам тетраэдра. Орбитали соседних атомов углерода, расположенных на расстоянии 0,154 нанометра, перекрываются, образуя σ-связи.

В промышленности выпускаются разнообразные порошки синтетических и природных алмазов, используемых в различных областях техники [4-6]. Алмазные порошки классифицируются в зависимости от метода получения и размера зерен на следующие группы:

1. *Алмазные шлифпорошки* с размером зерен от 40...50 мкм до 630...800 мкм. Выпускаются следующие основные марки: АС2,АС4,АС6,АС15,АС20,АС32,АС50. Чем выше число, стоящее после индексов АС, тем больше прочность зерен алмазов.

2. *Алмазные шлифпорошки с покрытиями поверхности зерен.* Покрытия зерен алмазов применяют для повышения стойкости инструментов и снижения расхода алмазов.

Стандартными покрытиями зерен алмазов являются следующие:

- покрытие типа К пленкой карбида металла;

- покрытие типа КМ пленками сплавов, содержащих кремний;

- покрытие типа НТ, являющееся карбидо-металлическим. Это покрытие представляет собой сплав Mn-Ni-Si-Ti;

- покрытие типа А, при котором совокупность агрегатов из нескольких алмазных зерен имеет карбидо-металлическую пленку;

• покрытие типа АН-модификация покрытия А, отличающаяся введением в агрегаты из алмазных зерен дополнительно наполнителя (карбид бора, карбид титана, электрокорунд и др.).

3. *Алмазные микропорошки* с размером зерен от <1,0 мкм до 40...60 мкм. Они выпускаются двух разновидностей:

• Алмазные микропорошки марок АН из природных алмазов и марок АСМ из синтетических алмазов;

• Алмазные микропорошки марок АН из природных алмазов и марок АСН из синтетических алмазов. Они имеют более высокую абразивную способность (на 25...30 %) по сравнению с микропорошками АМ и АСМ.

Промышленность выпускает микропорошки зернистостью 60/40, 40/28, 28/20, 20/14, 14/10, 10/7 и др. до 1/0 мкм. В обозначении марок числитель показывает максимальный, а знаменатель минимальный размеры основной фракции порошка в микрометрах.

Алмазные порошки применяются для изготовления абразивных инструментов на металлических, органических и керамических связках. Микропорошки используются и в свободном незакрепленном состоянии в пастах и суспензиях.

Широкое применение алмазно-абразивная обработка получила для электрических, полупроводниковых, стеклокерамических и других твердых и хрупких неметаллических материалов. По обрабатываемости такие материалы принято подразделять на три группы [2]:

• материалы с высокой твердостью (алмазы, сапфир, поликор и др.);

• материалы с повышенной хрупкостью (ферриты, арсенид галлия, фосфид галлия и др.);

• материалы с более низкой твердостью по сравнению с предыдущими (кремний).

Некоторые характеристики указанных материалов представлены в табл. 5.

Таблица 5 – Характеристики некоторых твердых и хрупких неметаллических материалов

Материалы	Микротвердость, МПа	Предел прочности при сжатии $\sigma_{сж}$, МПа	Предел прочности при изгибе $\sigma_{изг}$, МПа
Сапфир	22000	1200	-
Кварц	11000	2400	-
Кремний	11500	947	600
Германий	10000	-	400
Арсенид галлия	7000	-	2200

Разработаны разнообразные технологические процессы разрезания твердых и хрупких неметаллических материалов. Для алмазно-абразивного разрезания используются алмазные шлифпорошки и микропорошки. Изготовляемые в промышленности цилиндрические слитки монокристаллов полупроводниковых материалов (кремния, арсенида галлия и др.) диаметром 76;100 мм и более, длиной до 1500 мм разрезают на пластины толщиной 0,4…0,9 мм алмазосодержащими кругами с внутренней режущей кромкой. Эти круги представляют собой кольцо из хромоникелевой коррозионностойкой стали, в центральном отверстии которого расположена алмазосодержащая кромка на никелевой основе. Алмазный порошок закрепляют в связке электротехническим осаждением никеля. Такие круги имеют наружный диаметр 206…380 мм, внутренний диаметр 83…130 мм и толщину режущей кромки 0,20…0,25 мм.

Марку и зернистость алмазного порошка назначают в зависимости от разрезаемого материала и требований к качеству обработки. При разрезании более твердых материалов используются более крупные алмазные шлифпорошки, имеющие повышенную прочность зерен (табл.6).

Таблица 6 - Алмазные порошки для кругов с внутренней режущей кромкой

Обрабатываемый неметаллический материал	Марка алмазов	Зернистость алмазов, мкм
Сапфир	АС6, АС15, АС32	100/80 125/100
Кварц	АС6, АС15,АС32	100/80… 125/100
Ферриты Стекло	АС6,АСН	50/40… 100/80
Кремний	АС4, АС6,АСН	50/40 60/40
Арсенид галлия	АСН	40/28 60/40

Отрезные круги с наружной алмазосодержащей режущей кромкой широко применяют в производстве изделий электронной техники после проведения операции формирования изделий. По принятой технологии на одной пластине из полупроводникового материала получают одновременно группу изделий, отделенных разделительными дорожками. По этим дорожкам и проводят разрезание пластин на отдельные изделия кругами с наружной алмазосодержащей режущей кромкой.

В случае применения для закрепления алмазного порошка в матрице способа электрохимического осаждения металла изготовляют обычно круги в виде цилиндрического жесткого металлического корпуса, по периферии которого расположена узкая алмазосодержащая кромка в виде диска. Наружный диаметр кругов 56 и 75 мм, внутренний диаметр равен 40 и 60 мм. Толщина режущей кромки круга в зависимости от разрезаемого материала составляет от 0,025 до 0,150 мм.

Для абразивного разрезания никель-цинковых ферритов используются алмазосодержащие круги, имеющие наружную режущую кромку с алмазами АС15 зернистость 80/63.

Алмазно-абразивную отрезку технического силикатного стекла выполняют кругами с наружной режущей кромкой. Используются алмазные шлифпорошки АС15 и АС32 с зернистостью 100/80 и 125/100.

3. СОСТАВЫ МАТРИЦ И ТЕХНОЛОГИЯ ПОЛУЧЕНИЯ МЕТАЛЛОАЛМАЗНЫХ КОМПОЗИЦИЙ

За основу выбора состава металлических матриц принято требование обеспечения высокой прочности при некоторой вязкости материала. Это достигнуто выбором трех разновидностей материалов на основе меди, никеля и железа, в которых имеет место переменная растворимость легирующих элементов в основном металле. Для таких материалов применена заключительная механико-термическая упрочняющая обработка: закалка, холодная пластическая деформация, старение [7].

После анализа диаграмм состояния и предварительных исследований в качестве материалов матриц принята следующие составы:

- медь-олово-никель;
- никель-медь-железо;
- железо-медь-никель

Пластины – заготовки изготовления способом формования смеси порошков на специализированном прокатном стане в тонкую пористую ленту и последующим ее разделением на пластины.

Далее пластины, уложенные в стопку, помещаются на «подложку» в контейнер, загружаемый в камерную печь. Спекание пластин ведется в водороде.

Спеченные пластины затем подвергаются нескольким циклам дополнительной обработки «холодная прокатка при комнатной температуре и повторное спекание-отжиг». В результате получают плотный материал, не имеющий внутренних пор.

На заключительном этапе проводится упрочняющая механико-термическая обработка. Пластины-заготовки подвергают закалке с получением структуры перенасыщенного твердого раствора олова и никеля в меди. Далее проводят холодную прокатку с получением заданной толщины пластин от h=0,035…0,040 мм (35…40 микрометров) до h=0,12…0,14 мм.

Из пластин – заготовок способом холодной штамповки изготавливают отрезные круги. Набор отрезных кругов помещается на оправку между шлифовальными стальными пластинами в зажатом состоянии. Такой набор кругов подвергается нагреву для проведения старения.

Одновременно при этом происходит релаксация напряжений и отрезные круги получают плоскую форму. Такая обработка является термической фиксацией заданной геометрической формы.

Следовательно, на последней операции изготовления отрезных кругов совмещаются процессы старения и термической фиксации плоской формы кругов.

Механико-термическая обработка состоит из следующих последовательно выполняемых видов обработки:

- закалка без полиморфного превращения с получением перенасыщенного твердого раствора легирующих элементов в основном металле;
- холодная пластическая деформация;
- старение пересыщенного твердого раствора.

Схема ее проведения показана на рис. 4.

Рис. 4 - Схема проведения механико-термической обработки

Применение после закалки холодной пластической деформации ускоряет расклад перенасыщенного твердого раствора и увеличивает количество выделяющихся при старении дисперсных частиц образующихся фазы.

Марка и зернистость алмазного наполнителя назначаются из условия обеспечения работоспособности инструмента и получения требуемого количества при алмазно-абразивной резке.

Разрезание пластин из кремния, арсенида галлия и других аналогичных полупроводниковых материалов обеспечивается применением в качестве наполнителя алмазных микропорошков типа АСМ, АСН и др. В этом случае требования в отношении зернистости алмазов принимаются из условия обеспечивания минимальных сколов по кромкам прорезей с учетом работоспособности и стойкости инструмента.

По другому принципу назначается алмазный наполнитель в случае разрезания особо твердых диэлектрических материалов типа сапфира, поликора и др. Для этих целей работоспособность отрезных кругов при алмазно-абразивном разрезании возможна лишь при использовании сравнительно крупных и прочных шлифпорошков типа АС зернистостью 50/40, 63/50,80/63, 100/80 мкм. Получаемая при резании величина сколов по кромкам прорезей не является определяющей характеристикой.

Введение алмазного наполнителя, нарушающего сплошность материала, снижает прочность алмазно-абразивного материала. Рассматривая частицы наполнителя как своеобразные поры в матрице, расчет получаемой прочности материала можно вести по формуле Е. Рышкевича.

В производстве изделий электронной техники при разрезании тонких пластин из полупроводниковых и диэлектрических материалов применяются различные технологические схемы резания [2]:

- *прорезание несквозных узких глубоких пазов* в пластинах при использовании вакуумного крепления пластин на столе установки резания (кремний, арсенид галлия и др.) с последующим разламыванием по перемычкам;

- *сквозное разрезание* пластин сапфира и др., приклеенных на стеклянный носитель. Носитель методом вакуумного крепления устанавливается на столе установки резания;

- *сквозное разрезание* пластин кремния и др., закрепленных на адгезионной пленке, помещенной на пластмассовый спутник. Спутник устанавливается на столе установке резания. Такая технология разрезания применяется в условиях гибких автоматизированных производств (ГАП).

4. КОМПОЗИЦИИ НА ОСНОВЕ МЕДИ

Изучение авторских свидетельств СССР и патентов зарубежных стран, начиная с 1960-х годов, что большинство металлических связок абразивных инструментов с алмазным наполнителем имеют в качестве основы Cu, Cu-Zn, Cu-Al. Для связок на медной основе применяется легирование (масс. %):2...30 олова, 8...18 никеля, 4...18 цинка, 2...30 алюминия, 2...15 железа, 2...30 кадмия, 5...7 ниобия, 42..65 кобальта. В качестве дополнительных легирующих элементов используется 0,7...5 кремния, 0,6...3 хрома, 0,1...3 марганца, 0,05...10 титана, 0,01..10 молибдена (вольфрама). Некоторые металлические связки содержат упрочняющие фазы (карбид бора, двуокись кремния и др.), твердые смазки (графит, сульфиды и др.). Данные о составе ряда связок приведены в табл. 7.

При использовании абразивных инструментов на металлической связке зерна абразивов могут быть закреплены в рабочем слое различными способами: гальваническим осаждением, методами порошковой металлургии, литьем, плазменным напылением, шаржированием и др.

Таблица 7 – Составы некоторых металлических связок (примеры)

№ АС СССР	Содержание компонентов, мас.%								
	Cu	Sn	Zn	Ni	Al	Si	Co	Fe,Cr,Ti, Mn,Mg	Прочие
290820	20..35	-	15..20	-	20..35	3..5	-	-	Карбид бора 15..35
292757	77..82	-	14..18	-	-	-	-	-	Окись Fe 3..4,5; двуокись Si 0,5..1
293674	28..46	-	-	0,1..3,0	Ост.	3..12	-	0,1..25 Mn; 0,1..2 Cr; 0,5..6 Mg	Графит или MoS_2- 10..60% объема металла
303171	25..35	19..22	25..35	-	-	-	-	-	Карбид бора 6..12;борный ангидрид-4%
309802	28,5..45	6..10	-	-	-	-	42..65	0,5..3 Cr;0,5..1 Ti	V_2O_5(FeS,Mo_2S_3-1..1,5);FeS(CoS, NiS)
339393	10..48	2..12	-	8..18	-	-	-	32..70 Fe	-
365246	Основа	-	-	0,3..3,0	6..15	0,5..5	-	0,3..3 Mn; 0,5..1,5 Ti	-
366064	3..70	-	2...30 (или Sn,Al, Cd,Pb)	-	-	-	2..30 (или Ni,Fe)	-	-

Применительно к отрезным кругам для разрезания пластин кремния методом прорезания глубоких пазов в качестве связки принята оловянноникелевая бронза.

Из диаграммы состояния медь-олово-никель видна переменная растворимость Sn и Ni в меди (рис.5). Это обеспечивает возможность упрочнения путем проведения механико-термической обработки [8].

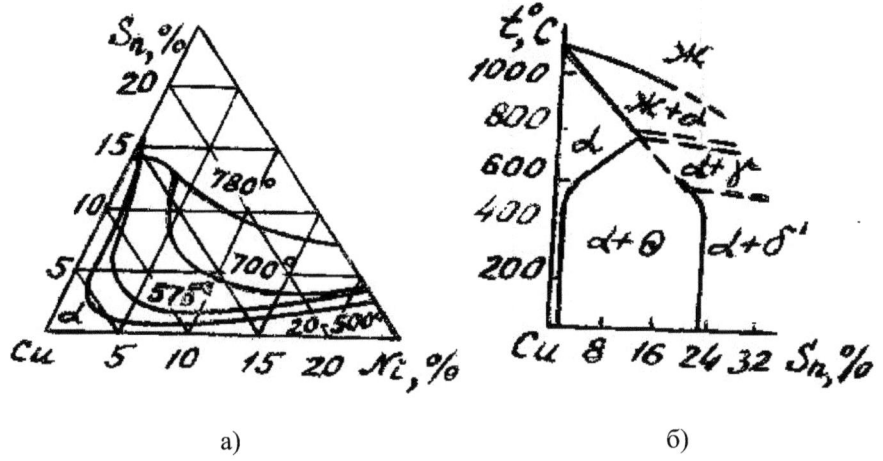

а)   б)

Рис. 5 – Диаграмма состояния медь-олово-никель:
а) изменение растворимости Ni и Sn в меди в зависимости от температуры;
б) политермический разрез при 5% Ni.

У литых оловянно-никелевых бронз, содержащих 6% олова, упрочняющее действие никеля проявляется при введении его до 4 %. Каждый процент введенного никеля повышает предел прочности на 15...20 МПа. Дальнейшее легирование оловянистых бронз никелем оказывает меньшее упрочняющее действие, т.к. значительное количество никеля расходуется на образование θ – фазы. Литые сплавы с содержанием 6% олова, 4...6% никеля, подвергнутые дополнительному отжигу в вакууме при температуре 600 ^{0}С в течении 2 час., имеют предел прочности 390...410 МПа, слитки сплавов с содержанием 7...11% олова и 3...40% никеля, подвергнутые нагреву до температуры 760^0 С с выдержкой 5 часов и последующим охлаждением в воде,

21

выдерживали холодную прокатку с толщины 20 мм до 1,5 мм с промежуточными отжигами при температуре 760⁰ С. После прокатки с обжатиями 40…50% трещины появились только у высоколегированных бронз с содержанием более 7% олова и 15% никеля. Из приведенных сведений видно, что легирование оловянистых бронз никелем в количестве 4…7% дает возможность значительно повысить прочность сплавов.

Далее выполнялись исследования методом факторного планирования эксперимента влияния химического состава металлической связки, пластической деформации и термической обработки на механические свойства ленты. В качестве изменяемых факторов приняты содержание олова (X_1), никеля (X_2), величина относительной деформации (X_3) и температура старения (X_4). Основной уровень и интервалы варьирования выбраны соответственно для X_1 — 6,5 и 1%; X_2 — 2 и 1%; X_3 — 30 и 5%; X_4 — 250 и 30 ^{0}С.

Параметрами оптимизации приняты предел прочности при растяжении (Y_1) и микротвердость (Y_2). Был осуществлен полный факторный эксперимент с числом опытов $N = 2^4 = 16$. Матрица планирования экспериментов и результаты опытов приведены в табл. 8 [7,9].

Таблица 8 - Матрица планирования экспериментов и результаты опытов

Условия планирования	Факторы				Опытные данные параметров оптимизации	
	Sn, %	Ni, %	Степень обжатия, %	Температура старения, ^{0}С	Предел прочности $\sigma_в$, МПа	Микротвердость HV, МПа
1	2	3	4	5	6	7
Основной уровень	6,5	2,0	30,0	250	-	-
Интервал варьирования	1,0	1,0	5,0	30		
Верхний уровень(+)	7,5	3,0	35,0	280		
Нижний уровень(-)	5,5	1,0	25,0	220		

22

Продолжение Таблицы 8

1	2	3	4	5	6	7
Кодовые обозначения переменных	X_1	X_2	X_3	X_4	Y_1	Y_2
№ опыта: 1	+	+	+	+	416	2660
2	+	+	-	+	489	2660
3	+	-	+	+	372	2300
4	+	-	-	+	400	2040
5	+	+	+	-	378	2390
6	+	+	-	-	392	2300
7	+	-	+	-	395	2270
8	+	-	-	-	343	1920
9	-	+	+	+	355	2140
10	-	+	-	+	385	2070
11	-	-	+	+	326	2080
12	-	-	-	+	300	1900
13	-	+	+	-	419	2380
14	-	+	-	-	349	2210
15	-	-	+	-	288	2030
16	-	-	-	-	297	1990

После проведения экспериментов и вычислений с использованием ЭВМ получили следующее неполное квадратичное уравнение регрессии для предела прочности при растяжении:

$$Y_1 = 369 + 29{,}1 \cdot X_1 + 28{,}9 \cdot X_2 + 11{,}4 \cdot X_4 + 9{,}8 \cdot X_1 \cdot X_4 - 12{,}8 \cdot X_3 \cdot X_4 - 8{,}3 \cdot X_1 \cdot X_2 - 7{,}5 \cdot X_1 \cdot X_3$$

Гипотеза об адекватности данного уравнения проверялась по критерию Фишера. Расчетами получено $F_{расч} = 4{,}42$, а $F_{табл} = 8{,}94$ при уровне значимости $\alpha = 0{,}05$, следовательно, $F_{расч} < F_{табл}$ и полученное уравнение регрессии для предела прочности адекватно описывает экспериментальные данные. Расчетами установлено, что уравнение регрессии для микротвердости является адекватным при уровне значимости $\alpha = 0{,}005$:

$$Y_2 = 205{,}0 + 105{,}0 \cdot X_1 + 138{,}8 \cdot X_2 + 76{,}3 \cdot X_3 + 18{,}8 \cdot X_4 + 38{,}8 \cdot X_1 \cdot X_2 + 18{,}8 \cdot X_1 \cdot X_3 + 71{,}3 \cdot X_1 \cdot X_4 - 27{,}5 \cdot X_2 \cdot X_3$$

Из анализа полученных уравнений регрессии следует, что наибольшее положительное влияние на прочность и микротвердость оказывают изменение содержание олова (X_1) и никеля (X_2).

Используем полученное уравнение регрессии для предела прочности с целью движения по градиенту в направлении оптимума. Наметим серию "мысленных" опытов для крутого восхождения. В качестве "единичного шага" было выбрано изменение содержания никеля на 0,5% ($\Delta_2 = 0,5$).

Шаги для факторов X_1 и X_4 получаем из пропорций:

$$\frac{B_2 \cdot \Delta X_2}{B_1 \cdot \Delta X_1} = \frac{\Delta_2}{\Delta_1} \quad\underline{\hspace{3cm}}\quad \ldots \frac{B_4 \cdot \Delta X_4}{B_2 \cdot \Delta X_2} = \frac{\Delta_4}{\Delta_2}$$

Величину степени обжатия во всех опытах выдерживали на основном уровне, т.к. коэффициент регрессии B_3 является статистически незначимым. После расчета серии «мысленных опытов» были выбраны для реализации три опыта, для которых расчетные значения предела прочности равнялись 623; 744; 824 МПа. Все данные этапа «крутого восхождения» представлены в табл. 9. Оптимум по прочности достигнут в опыте №2 (9% олова и 4,5% никеля, ε = 30%, t_{CT}=275 ^{0}С).

Таблица 9 – Крутое восхождение по градиенту

Факторы	Sn, %	Ni, %	Степень обжатия, %	Температура старения, ^{0}С	Параметр оптимизации ($\sigma_в$), МПа
Кодовые обозначения	X_1	X_2	X_3	X_3	Y_1
Коэффициенты регрессии B_i	2,91	2,89	-	1,14	
Интервалы варьирования ΔX_i	1,0	1,0	-	30	
Шаг Δ_i	0,5	0,5	30	5	
«Мысленный опыт» №1	8,0	3,5	30	265	623
Реализованный опыт №1	8,0	3,5	30	265	694
«Мысленный опыт» №2	9,0	4,5	30	275	744
Реализованный опыт №2	9,0	4,5	30	275	*750*
«Мысленный опыт» №3	9,5	5,0	30	280	824
Реализованный опыт №3	9,5	5,0	30	280	745

Дальнейшие исследования были направлены на изучение влияния механико-термической упрочняющей обработки порошковых листовых материалов на предел прочности при растяжении и микротвердость. Эти материалы, содержавшие 6,5% олова и от 0 до 13% никеля, после спекания и уплотняющей прокатке подверглись закалке с получением пересыщенного твердого раствора, холодной деформации и старению при разных температурах от 260 до 400°C с выдержкой 2 часа. Нагрев под закалку проводился до 700°C в среде водорода. После выдержки 2 часа контейнер с образцами охлаждался обдувкой увлажненным воздухом (сплавы медь-олово-никель относятся к воздушно - закаливающимся материалам). Холодная прокатка проводилась с обжатием 30% до толщины 0,2 мм.

После старения при разных температурах проводились испытания на растяжение, и измерялась микротвердость. Максимальный предел прочности при растяжении достигнут для материала с 6,5% олова при содержании 7% никеля и температуре старения 400°C.

На основании проведенных опытов с учетом более ранних исследований установлен следующий состав связки: медь – основа; 6,5...9% олова; 4,5...7% никеля. Температура старения: 275...400 ^{0}C.

Прочность металлоалмазного материала в виде тонкой ленты толщиной 30...100 мкм существенно зависит от концентрации и зернистости алмазного порошка, а также от толщины материала. Для установления этих зависимостей применена методика факторного планирования эксперимента [10 - 12].

В качестве независимых переменных приняты следующие факторы:

x_1 – средняя величина зерен алмазного порошка;

x_2 – условная концентрация алмазного порошка;

x_3 – толщина металлоалмазных образцов-пластин.

Значения факторов в опытах приведены в табл. 10.

Таблица 10 – Значения факторов в опытах

Уровни, интервал варьирования	Кодированные значения	Натуральные значения					
		x_1,мкм	x_2,%	x_3, мкм по операциям обработки			
				1,2	3,4	5,6	7,8
Основной уровень	0	12	75	230	145	85	60
Интервал варьирования	-	4	25	60	45	25	20
Верхний уровень	+1	16	100	290	190	110	80
Нижний уровень	-1	8	50	170	100	60	40

Технологический процесс изготовления металлоалмазных пластин состоит из следующих операций:

- подготовка смеси металлических и алмазных порошков;

- прокатка смеси порошков на прокатном стане в пористую ленту и разделение на пластины;

- спекание стопки пластин, помещенных в контейнер, в осушенном водороде;

- проведение нескольких циклов «холодная прокатка – повторное спекание – отжиг» для получения беспористых пластин заданной толщины;

- выполнение заключительной упрочняющей механикотермической обработки (МТО), состоящей из закалки, холодной деформации (прокатки) и старения.

В табл. 7 приняты №№ следующих операций обработки пластин: 1,2 – после первой уплотняющей холодной прокатки и после первого повторного спекания – отжига; 3,4 – после второй холодной прокатки и после второго повторного спекания – отжига; 5,6 – после холодной деформации (прокатки) и после старения.

Металлическая связка в рассматриваемых опытах содержала медь (основа), 6,5 % олова и 4,0% никеля.

После проведения вычислений на ЭВМ и исключения статистически незначимых коэффициентов получены уравнения регрессии по операциям технологического процесса. Математическая модель, полученная после проведения окончательного старения, имеет следующий вид:

$$Y_8 = 292,8 - 27,8\, x_1 - 61,5\, x_2 + 40,7\, x_3 - 14,0\, x_2 \cdot x_3$$

Статистически значимыми являются факторы x_1, x_2, x_3 и парное взаимодействие $x_2 \cdot x_3$. Наибольшее влияние на предел прочности при растяжении оказывают условная концентрация алмазного наполнителя x_2 и толщина пластин x_3.

Матрица планирования экспериментов приведена в табл. 11 результаты определения параметра оптимизации (предела прочности $\sigma_в$) даны в табл. 12.

Таблица 11 – Матрица планирования экспериментов

№ опыта	Факторы									
	x_1		x_2		x_3		x_3,мкм по операциям обработки:			
	Код	мкм	Код	%	Код	1,2	3,4	5,6	7,8	
1	-	8	-	50	-	40	170	100	60	
2	+	16	-	50	-	40	170	100	60	
3	-	8	-	50	+	80	290	190	110	
4	+	16	-	50	+	80	290	190	110	
5	-	8	+	100	-	40	170	100	60	
6	+	16	+	100	-	40	170	100	60	
7	-	8	+	100	+	80	290	190	110	
8	+	16	+	100	+	80	290	190	110	
9-1	0	12	0	75	0	60	230	145	85	
10-2	0	12	0	75	0	60	230	145	85	
11-3	0	12	0	75	0	60	230	145	85	
12-4	0	12	0	75	0	60	230	145	85	

Таблица 12 – Результаты экспериментов по операциям обработки

№ опыта	Параметр оптимизации (предел прочности при растяжении, $\sigma_{в}$, МПа) после операций обработки							
	Y_1	Y_2	Y_3	Y_4	Y_5	Y_6	Y_7	Y_8
1	81	115	152	242	360	247	237	329
2	74	126	156	193	190	226	249	270
3	90	162	215	230	314	250	410	458
4	88	133	143	187	212	171	336	360
5	53	69	103	159	156	170	244	244
6	56	98	127	116	164	140	161	165
7	46	75	92	124	133	146	224	251
8	67	100	123	137	137	121	231	265
9-1	58	108	121	155	136	219	257	265
10-2	49	117	117	101	178	212	285	280
11-3	60	104	133	159	194	206	285	268
12-4	63	109	137	158	185	206	253	266

Полученные результаты представлены графически в виде проекций линий уровня предела прочности в зависимости от среднего размера зерен алмазов d_3 и концентрации алмазного наполнителя К,% (рис.6). Данные приведены для пластин толщиной 36,45,75 мкм. С возрастанием размера зерен алмазов и уменьшением толщины металлоалмазных пластин предел прочности при растяжении снижается.

Изменение предела прочности при растяжении $\sigma_{в}$ металлоалмазных пластин на связке Cu – 6,5%Sn - 4%Ni с 75%-ной концентрацией алмазного порошка марки АСМ 14/10 по операциям обработки, начиная со спекания пористых прокатных пластин и заканчивая старением, представлено на рис. 7. Как видно, при переходе от одной операции обработки к другой происходит возрастание прочности вследствие происходящих процессов при спекании, уменьшения пористости, образования структуры твердого раствора олова и никеля в меди. Значительное увеличение прочности происходит при проведении механико-термической обработки (операции 6,7,8).

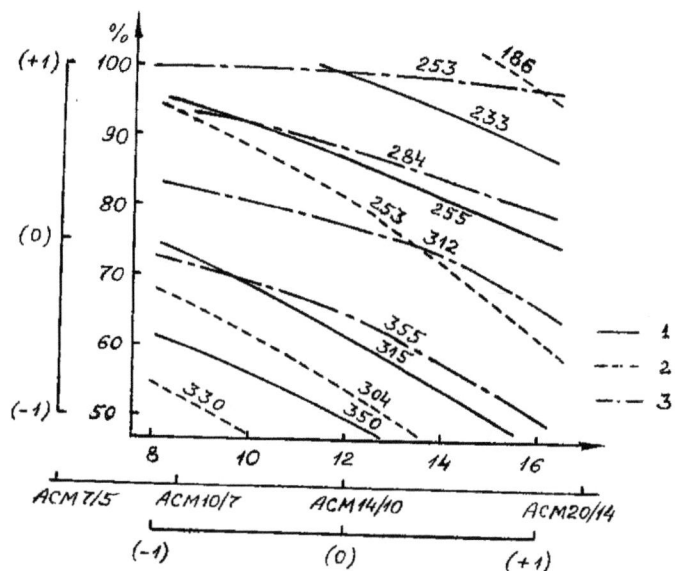

Рис. 6 – Зависимость расчетных значений предела прочности $\sigma_в$, МПа по уравнению регрессии от среднего размера зерен алмаза d_3 и концентрации металлоалмазных пластин, мкм: 1)36; 2) 45; 3) 75.

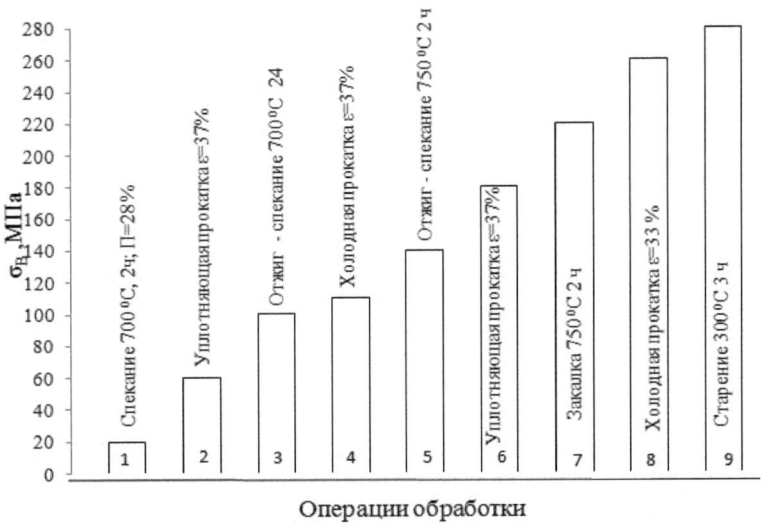

Рис. 7 – Изменение предела прочности при растяжении металлоалмазных пластин-заготовок отрезных кругов по операциям обработки 1-7 и после заключительного старения отрезных кругов на операции 8

КОМПОЗИЦИИ, АРМИРОВАННЫЕ СЕТКОЙ

Одним из основных недостатков рассмотренных выше отрезных кругов является склонность к хрупкому разрушению режущей кромки. Повышение эксплуатационных характеристик отрезных кругов возможно применением их армирования промежуточным слоем металлической сетки [13].

Возможны два варианта технологии формования пластин-заготовок с наличием слоя металлической сетки. По первому варианту выполняется прокатка смеси порошков на прокатном стане с одновременным введением металлической сетки. Далее обработка проводится по технологии изготовления порошковых заготовок.

По второму варианту смесь металлических и алмазного порошков насеивается на горизонтально расположенную сетчатую подложку с последующим спеканием сначала с одной стороны сетки, а затем с другой стороны сетки. Таким образом, выполняется два цикла «насеивание смеси порошков на сетку-спекание сетчато-порошковой заготовки».

Такая более трудоемкая технология формования имеет определенное преимущество, заключающееся в возможности нанесения порошковых слоев с условной концентрацией до 200…250 % (50…52 %) и более. Дальнейшая схема обработки сохраняется.

Для изготовления армированных сеткой отрезных кругов использовалась металлическая связка состава медь - 12 % олова – 13 % никеля, алмазные порошки АСМ зернистостью 5/3, 7/5, 10/7, 14/10 мкм, тканые сетки с квадратной ячейкой 40 мкм из проволок никеля НП 2, латуни Л80, бронзы БрОФ 6,5-0,15.

Испытания экспериментальных отрезных кругов по прорезанию пазов глубиной 270 мкм при частоте вращения 50000 мин$^{-1}$ и скорости подачи 110 мм/с показали следующее. Круги, армированные никелевой или латунной сетками, выходили из строя вследствие загиба выступающей из фланцев режущей части круга при низкой стойкости.

Высокая стойкость получена при использовании бронзовой сетки. Данные о прочности таких кругов на связке медь – 12% олова – 13% никеля с сеткой из материала БрОФ 6,5 – 0,15 представлены в табл. 13.

Таблица 13 – Прочность металлоалмазных армированных бронзовой сеткой пластин – заготовок

Алмазный наполнитель		Толщина пластины, мкм	$\sigma_\text{в}$, МПа
Марка	К, %		
АСМ 5/3	100	36	160
АСМ 7/5	200	36	137
	250	36	122
АСМ 10/7	100	50	144
	150	50	139
	200	50	132

Для оценки предельных режимов прорезания несквозных пазов в пластинах кремния определялась «разрушающая» скорость подачи кругов V_{sp} при разной зернистости и концентрации алмазного наполнителя (рис.8). Резание проводилось при частоте вращения кругов 50000 мин$^{-1}$ на установке 04ПП100. Отрезные круги имели радиальный износ 5,1...6,8 мкм на 1000 прорезей. Средняя стойкость отрезных кругов при прорезании пазов в пластинах кремния диаметром 76 и 100 мм составила соответственно 23...26 тыс. и 20...23 тыс. прорезей.

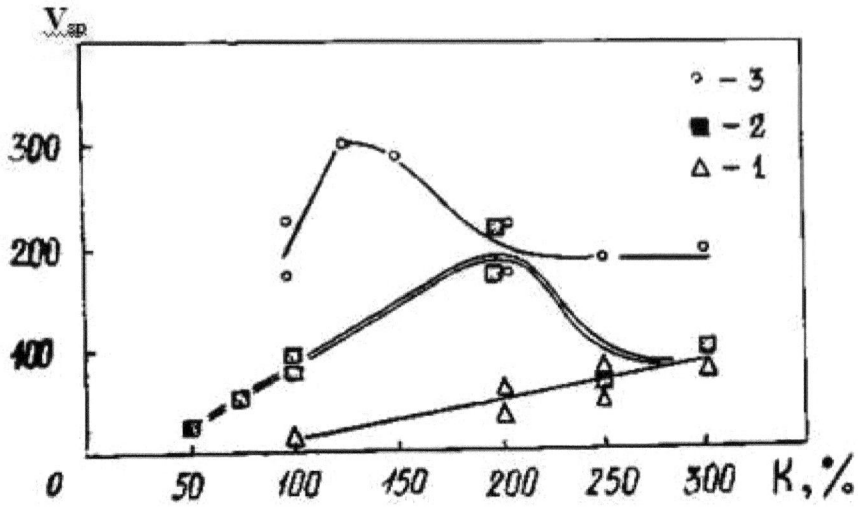

Рис. 8 – Зависимость «разрушающей» скорости подачи V_{sp} от концентрации К алмазных микропорошков марки АСМ 5/3(1), АСМ 7/5 (2), АСМ 10/7 (3). Толщина отрезных кругов, мкм: 1-28; 2-30…35; 3-50.

Наибольшую «разрушающую» скорость подачи имеют отрезные круги толщиной 0,050 мм с алмазами АСМ 10/7 при К=125%.

КОМПОЗИЦИИ С МЕТАЛЛИЗИРОВАННЫМИ АЛМАЗАМИ

С целью повышения эффективности отрезных кругов опробовано применение алмазных порошков с Ni–Mn–Sn–Ti покрытием типа НТ20 по ОСТ 2 И79-3-85. В качестве металлической связки применен материал Cu – 6,5 % Sn – 12% Ni. Покрытие зерен алмаза АСМ 10/7 имело состав (масс.%): 70 - (Mn-Ni), 20 - Sn, 10 - Ti и толщину 1,5 мкм. Соотношение массы алмазного порошка и покрытия равно 1:0,20. Связь слоя покрытия и зерен алмазов обеспечивает карбидная прослойка в основном из карбида марганца Mn_7C_3, образующаяся на границе слоя покрытия и поверхности зерен алмазов [14].

Для исследования спекания применяли сформированные пластины, имевшие исходную пористость 35…36%. Изучено влияние температуры и времени спекание на микроструктуру, усадку и механические свойства пластин (рис.9) [15].

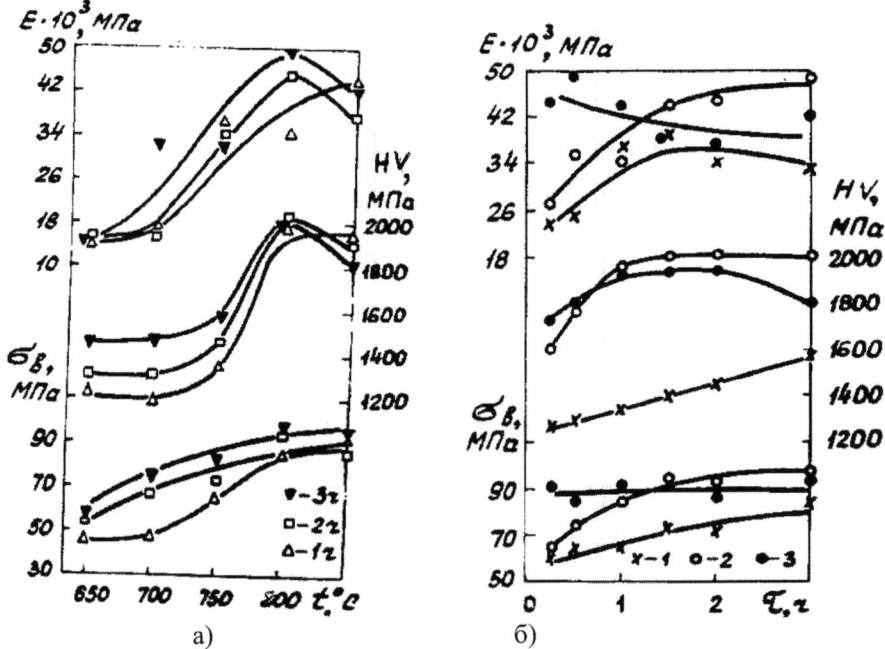

Рис. 9 – Зависимости механических свойств от температуры (а) и времени (б) спекания: t=750⁰С (1), 800⁰С (2), 850⁰С (3)

Предел прочности $\sigma_в$ и модуль упругости Е постепенно повышается с увеличением температуры спекания выше 650...700⁰С. Резкий рост микротвердости происходит в узком интервале температур 750...800⁰С.

С возрастанием времени спекания до 1...2 ч при температурах 750...800⁰С происходит рост механических свойств.

Изменения микроструктуры при спекании представлены на рис. 10 и 11. С повышением температуры спекания развивается растворение покрытия в оловянно-никелевой бронзовой связке. При температурах 770⁰С и выше с выдержкой 2 часа формируется структура их светлых зерен твердого раствора никеля и олова в меди с четкими тонкими границами зерен, наблюдается зубчатость границ. Сохраняется некоторое количество частиц никеля серого цвета.

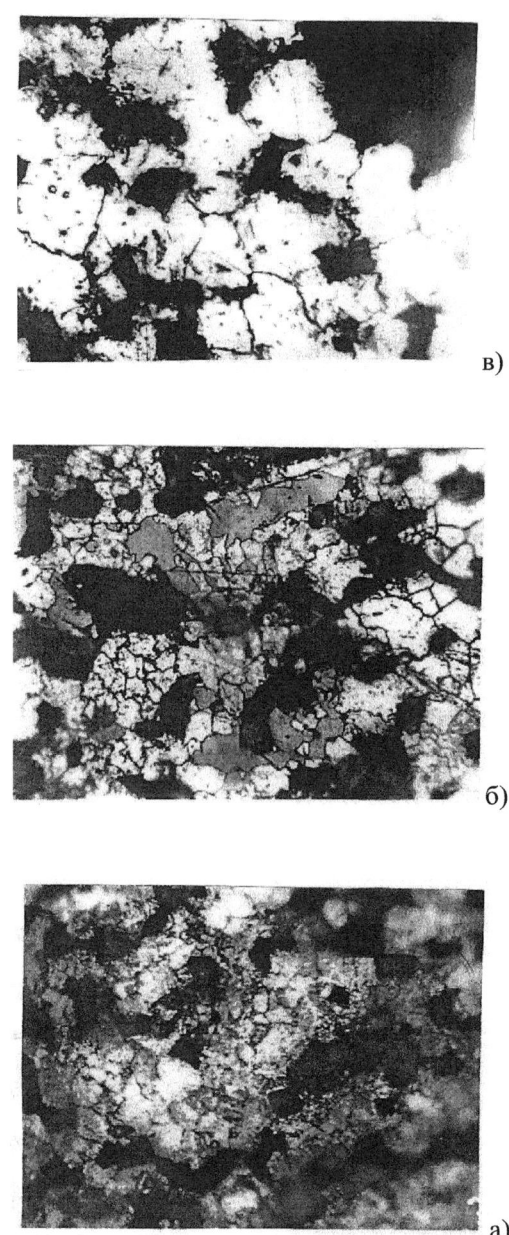

Рис. 10 – Изменение микроструктуры металлоалмазных пластин в зависимости от температуры спекания (^{0}С): 750^{0}С (а), 770^{0}С (б), 850^{0}С (в) при времени спекания 2 ч (увеличение х950)

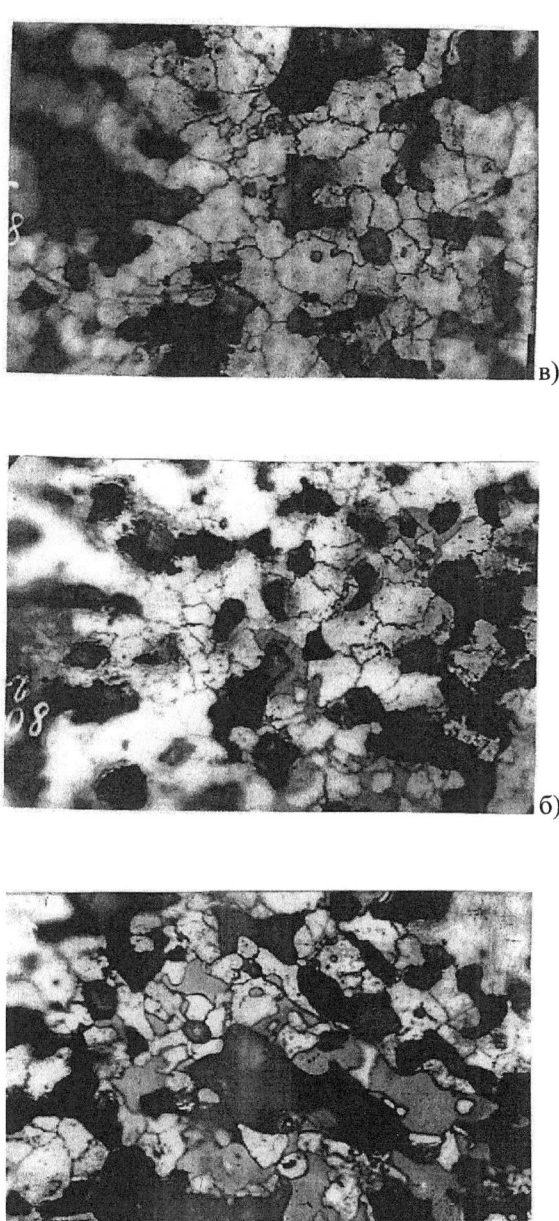

Рис. 11 – Изменение микроструктуры металлоалмазных пластин при температуре спекания 800⁰С и времени спекания 1 ч (а), 2 ч (б), 3 ч (в) (увеличение х950)

В случае спекания при температуре 850^0C, особенно в течении 2...3 часов, происходит значительный рост зерен твердого раствора на основе меди вследствие развития процесса собирательной рекристаллизации.

После спекания проводится дальнейшая обработка по ранее рассмотренной технологии.

Отрезные круги при прорезании в пластинах кремния толщиной 0,38...0,48 мм пазов глубиной 250 и 350 мкм показали радиальный износ на 30...50 % меньше, чем у серийных кругов на связке Cu – Sn – Ni с алмазами без покрытия НТ20. Радикального улучшения свойств отрезных кругов применение покрытия НТ20 не обеспечивает.

5. КОМПОЗИЦИИ НА ОСНОВЕ НИКЕЛЯ

В 1980-е годы в электронной промышленности были созданы комплексы с полной автоматизацией процессов разрезания полупроводниковых пластин и подготовки к сборке микросхем для использования в гибких производственных системах. Для транспортирования пластин в них используют спутники-носители с адгезионной пластмассовой пленкой, на поверхность которой наклеивают пластину кремния. При этом проводится сквозное разрезание пластин отрезным кругом и его врезание в адгезионную пленку. Это усложняет работу кругов.

Диаметр пластин кремния увеличился с 40...76 до 100...150 мм, толщина повысилась от 0,25...0,30 до 0,42...0,48 мм, «вылет» кругов из фланцев возрос до 0,65 мм, что требует обеспечения продольной устойчивости круга.

В изменившихся условиях резания отрезные круги на связке медь-олово-никель с алмазами АСМ10/7 показали критическую скорость подачи 60...90 мм/с. Резание возможно только при низкой скорости подачи 37 мм/с в режиме попутной подачи, т.е. разработанная ранее связка Cu – Sn – Ni не обеспечивала высокую работоспособность отрезных кругов.

Возникла необходимость разработки нового состава связки. За основу связки принят никелевый порошок. Порошковый прокат из меди имеет прочность $\sigma_в$ =270 МПа, а из никеля $\sigma_в$ =390...410 МПа.

На основе анализа диаграмм состояния за основу приняты материалы никель-медь-железо с наличием переменной растворимости в тройном твердом растворе (рис.12). Это позволяет в принципе упрочнять материал способом закалки и старения.

Ввиду отсутствия данных о порошковых материалах Ni - Cu – Fe изучено влияние химического состава связки на прочность и микротвердость безалмазных материалов методом симплекс-решетчатого планирования в ограниченной фазовой области Ni – 40 %Cu –40% Fe [7].

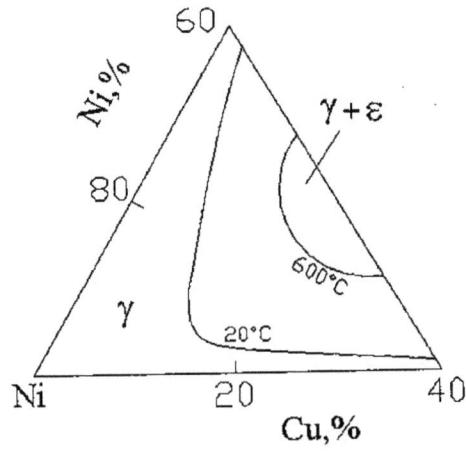

Рис. 12 – Угол тройной диаграммы состояния Ni - Cu – Fe. Показаны изотермы растворимости в твердом растворе на основе никеля

Образцы изготовлялись из порошков карбонильного никеля ПНК ОТ1,электролитической меди ПМС и восстановленного железа ПЖВ 4.160.26 фракций – 40 мкм. Смеси порошков прокатывали в ленту толщиной 0,47...0,50 мм с пористостью 25..32 %. После спекания при температуре 650 ^{0}С. и уплотняющей прокатки получены пластины h=0,22...0,25 мм с пористостью

9..16%. Затем образцы закаливали от температуры 800…850 ^{0}С и подвергали холодной прокатке на толщину 0,14 мм с пористостью 3..7%.

Принят план экспериментов из семи опытов, позволяющий получить модель неполной третьей степени, с дополнительными параллельными опытами в трех контрольных точках X_{1123}, X_{1223}, X_{1233} (табл.14).

Таблица 14 – Матрица симплекс – решетчатого планирования экспериментов

№ опыта	Кодовой обозначение	Состав материала на основе никеля в натуральном масштабе, %		
		железо	никель	медь
1	X_1	40	60	0
2	X_2	0	100	0
3	X_3	0	60	40
4	X_{12}	20	80	0
5	X_{13}	20	60	20
6	X_{23}	0	80	20
7	X_{123}	13,3	73,4	13,3
8				
9	X_{1123}	20	70	10
10				
11				
12	X_{1223}	10	80	10
13				
14				
15	X_{1233}	10	70	20
16				

Расположение точек 1…7 плана экспериментов на концентрационном треугольнике Ni - Cu – Fe (двухмерном симплексе) представлено на рис.13.

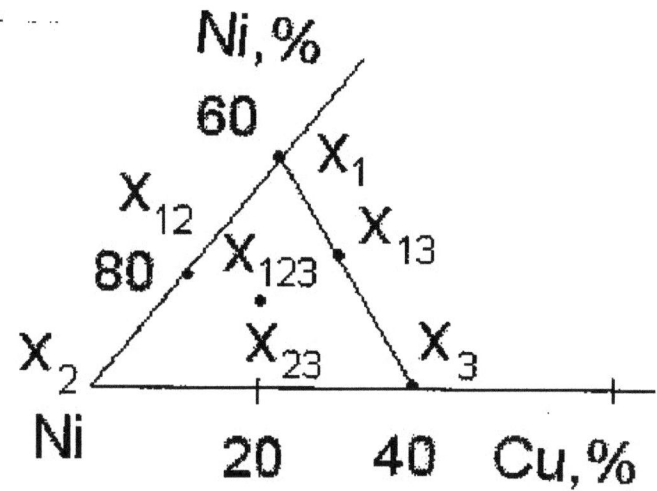

Рис. 13 – Расположение точек плана на двухмерном симплексе

На основе проведенных исследований получены следящие уравнения регрессии зависимости свойств от химического состава материалов:

Предел прочности при растяжении $\sigma_в$:

$$Y_1 = 476X_1 + 485X_2 + 461X_3 + 550X_1X_2 - 154X_1X_3 + 460X_2X_3 + 888X_1X_2X_3$$

Микротвердость HV:

$$Y_2 = 1820X_1 + 1770X_2 + 1640X_3 + 260X_1X_2 - 360X_1X_3 + 540X_2X_3 + 2760X_1X_2X_3$$

Проверка в контрольных точках по критерию Стьюдента показала, что гипотеза об адекватности полученных уравнений регрессии не отвергается.

Результаты вычислений численных значений свойств по уравнениям регрессии представлены в виде проекций линий уровня на концентрационный треугольник (рис.14). Для материалов на основе никеля увеличение содержания железа при заданном содержании меди приводит, начиная с некоторого количества железа, к повышению микротвердости. С возрастанием содержания меди микротвердость снижается.

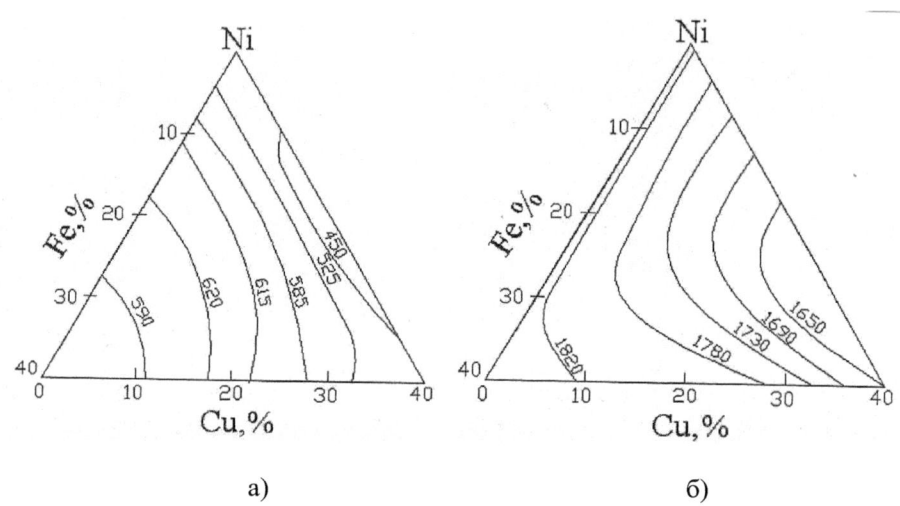

а) б)

**Рис. 14 – Зависимость прочности (а) и микротвердости (б)
от химического состава материала на основе никеля
после старения.
(У линий уровня даны численные значения свойств в МПа)**

В следующей серии экспериментов исследовались технологические режимы изготовления порошковых материалов, которые оказывают значительное влияние на их свойства. В первой серии опытов изучалось влияние режимов закалки на пересыщенный раствор и старения на предел прочности при растяжении безалмазных материалов состава никель – 25% меди – 5% железа. Исследования выполнены с использованием некомпозиционного симметричного плана экспериментов Бокса – Бенкина и получением квадратичных математических моделей.

Данные об уровнях факторов в натуральном масштабе представлены в табл. 15. Численные значения факторов приняты на основе ранее выполненных исследований.

Таблица 15 – Уровни факторов в опытах

Исходные данные	Кодовые значения факторов X	Натуральные значения факторов			
		Температура закалки, ^{0}С	Время выдержки при закалке, часов	Температура старения, ^{0}С	Время выдержки при старении, часов
		X1нат	*X2нат*	*X3нат*	*X4нат*
Основной уровень X_{ic}	0	800	3	400	2
Интервал варьирования ΔX_i	-	50	1	100	1
Верхний уровень $X_{ic} + \Delta X_i$	+1	850	4	500	3
Нижний уровень $X_{ic} - \Delta X_i$	-1	750	2	300	1

Матрица планирования экспериментов в кодовом масштабе приведена в табл.16. Для определения средней квадратичной ошибки опыта запланировано три параллельных опыта № 9,18,27 на основном уровне.

Математические квадратичные модели имеют вид:

$$Y = B_0 + \sum^k B_i \cdot X_i + \sum^k B_{ij} \cdot X_i \cdot X_j + \sum^k B_{ii} \cdot X_i^2,$$ где k - число факторов.

Гипотеза об адекватности полученных моделей проверялась по критерию Фишера. Формулы для проведения необходимых вычислений приведены в специальной литературе.

Квадратичная модель в канонической форме имеет следующий вид:

$$Y - Y_S = B_{11} \cdot X_1^2 + B_{22} \cdot X_2^2 + \ldots + B_{kk} \cdot X_k^2$$

где Y_S - значение Y в новом начале координат; B_{11} - коэффициенты уравнения в новой системе координат; X_i - новые оси координат.

41

Таблица 16 – Матрица планирования экспериментов в кодовом масштабе

№ опыта	Значения факторов в кодовом масштабе			
	Режим закалки		Режим старения	
	температура	время	температура	время
	X_1	X_2	X_3	X_4
1	-1	-1	0	0
2	+1	-1	0	0
3	-1	+1	0	0
4	+1	+1	0	0
5	0	0	-1	-1
6	0	0	+1	-1
7	0	0	-1	+1
8	0	0	+1	+1
9	0	0	0	0
10	-1	0	0	-1
11	+1	0	0	-1
12	-1	0	0	+1
13	+1	0	0	+1
14	0	-1	-1	0
15	0	+1	-1	0
16	0	-1	+1	0
17	0	+1	+1	0
18	0	0	0	0
19	0	-1	0	-1
20	0	+1	0	-1
21	0	-1	0	+1
22	0	+1	0	+1
23	-1	0	-1	0
24	+1	0	-1	0
25	-1	0	+1	0
26	+1	0	+1	0
27	0	0	0	0

На основе выполненных экспериментальных исследований определены численные значения коэффициентов уравнения регрессии.

С учетом статистически значимых коэффициентов уравнение регрессии получает следующий вид:

$$Y = 362{,}2 + 45{,}8X_1^2 - 29{,}6X_2^2$$

Анализ полученной моделей показывает, что для материала на никелевой основе определяющее влияние на прочность оказывает режим закалки для получения насыщенного твердого раствора.

Гипотеза об адекватности уравнений регрессии проверялась по критерию Фишера при уровне значимости 0,10. Математическая модель путем параллельного переноса начала координат в новый центр и поворота координатных осей была приведена к каноническому виду:

$$Y_1 - 327,7 = 7,7X_1^2 + 1,1X_2^2 - 26,1X_3^2 - 48,3X_4^2$$

Возрастание *Y* происходит при изменении X_1 с коэффициентами Bij>0; в случае Bij<0 изменение *Xi* приводит к уменьшению *Y*.

Данные об изменении пористости, механических свойств и параметра кристаллической решетки *a* (линии (200) твердого раствора (для связки никель - 25% меди - 5% железа) у *алмазосодержащих* материалов по операциям обработки приведены в табл.17. После прокатки смеси порошков в ленту и первого спекания пористость составляет более 30%. В процессе нескольких последующих циклов обработки «холодная прокатка — спекание (термическая обработка)» пористость пластин уменьшается практически до нуля. Параметр кристаллической решетки наиболее значительно увеличивается при втором спекании и далее несколько возрастает. Вследствие пониженных температур спекания 850 ... 870°C процесс гомогенизации твердых растворов не завершается. Частично в алмазосодержащих материалах на связках из никелевого материала сохраняется *железо*. Его частицы при многократной прокатке приобретают форму *удлинённых волокон*.

Исследования алмазосодержащих материалов показывают, что, несмотря на низкие температуры спекания и термической обработки при использовании четырехкратного цикла «спекание (термическая обработка) — холодная прокатка», возможно достижение у тонколистового материала на никелевой основе толщиной 0,04 мм с 25 объемными процентами алмазного наполнителя АСМ 10/7 предела прочности при растяжении выше 200 МПа после четвертой холодной прокатки. Микротвердость на уровне выше 2000 МПа у металлической никелевой матрицы обеспечивается после первой - второй холодных прокаток [16].

Таблица 17 – Изменение характеристик алмазосодержащих пластин по операциям обработки (конечная толщина пластин 0,04 мм) с алмазами АСМ 10/7

Обработка материалов		Связка материалов										
		никель – 25% меди – 5% железа						никель – 36% меди – 11% железа				
Операция	№ цикла	а, нм	П, %	σв, МПа	Е, ГПа	HV, МПа	HV/σв	П, %	σв, МПа	Е, ГПа	HV, МПа	HV/σв
Спекание пористой прокатной ленты	1	0,3509	31,2	5	5	-	-	32,0	16	19	-	-
Холодная уплотняющая прокатка спеченных пластин		-	-	22	26	2300	104	8,5	86	34	1750	22
Спекание – термическая обработка	2	0,3519	9,6	82	19	1500	18,3	12,5	116	53	1730	14,9
Холодная прокатка		-	3,3	164	56	2550	15,5	6,2	163	88	2300	14,1
Спекание – термическая обработка	3	0,3521	5,8	137	57	1800	13,1	10,0	170	90	2100	12,3
Холодная прокатка		-	3,0	171	78	2800	16,4	2,9	180	96	2860	15,9
Термическая обработка	4	0,3552	0	167	68	1800	10,8	0	174	-	-	-
Холодная упрочняющая прокатка		-	0	252	89	2600	10,3	0	232	-	-	-

Металлоалмазные материалы относятся к деформируемым материалам пониженной пластичности. В качестве одного из показателей уровня трещиностойкости и структурно-энергетического состояния используют отношение твердости к пределу текучести или пределу прочности при растяжении (НВ/ $\sigma_\text{т}$ или НВ/ $\sigma_\text{в}$). Их уменьшение характеризует повышение величины предельной пластической деформации.

Для металлоалмазных материалов проведена оценка значений отношения микротвердости металлической матрицы к пределу прочности материала (HV/ $\sigma_\text{в}$). Как видно из табл.17 в процессе выполнения циклов «спекание (термообработка) – прокатка» показатель HV/ $\sigma_\text{в}$ снижается. Это отражает опережение процесса увеличения металлической матрицы при формировании твердого раствора, холодной пластической деформации и старении по сравнению с повышением прочности на разрыв алмазосодержащего материала, имеющего на первых этапах обработки воздушные поры.

У одной из партий материала на связке Ni – 36% Cu – 11% Fe после первой холодной прокатки HV/ $\sigma_\text{в}$ равно 20,2. В процессе выполнения последующих циклов это отношение уменьшалось до 9,3 после четвертого спекания и 9,4...9,6 после четвертой холодной прокатки и заключительного старения при температуре 400...550 ^{0}С.

Обобщение данных о модуле упругости Е и пределе прочности $\sigma_\text{в}$ для пластин – заготовок на связке Ni – 25% Cu – 5% Fe со 100% алмазного наполнителя АСМ 10/7 и их изменение по операциям обработки представлено на рис. 15 [17]. Аналогично материалу на связке Cu – 6% Sn – 13% Ni зависимость «Е - $\sigma_\text{в}$» имеет значительное возрастание Е в начальный период и затухающее увеличение при $\sigma_\text{в}$>160 МПа.

Металлоалмазные материалы на никелевой основе имеют по сравнению с медной матрицей большую прочность при одинаковых значениях модуля упругости.

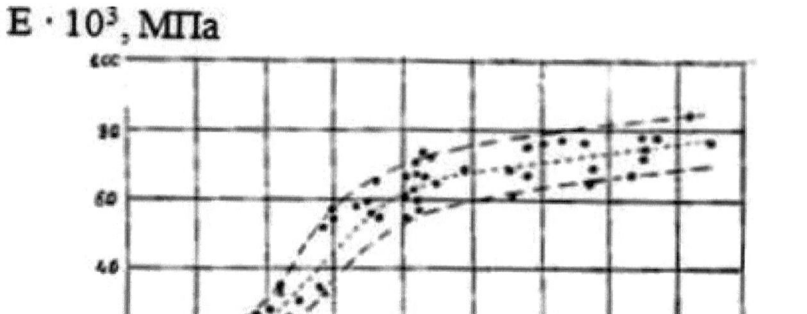

Рис. 15 – Изменение соотношения между Е и σ_в в процессе обработки пластин-заготовок на связке Ni – 25% Cu – 5% Fe с алмазным наполнителем АСМ10/7

Некоторые данные об изменении прочности после заключительного старения при температурах 300…500 ^{0}С приведены в табл.18. Как видно, при этих температурах развивается процесс рекристаллизации.

Таблица 18 – Изменение предела прочности σ_в пластин на связке Ni – 25% Cu – 5% Fe при старении

Алмазный наполнитель	Температура спекания и термообработки, ^{0}С	Температура старения, ^{0}С после прокатки	σ_в, МПа
АСМ 10/7	800…850	300	241
		400	215
		500	193

6. КОМПОЗИЦИИ НА ОСНОВЕ ЖЕЛЕЗА

Для алмазно-абразивной обработки твердых неметаллических материалов разработаны связки на железной основе с добавками меди, олова, никеля и др. (табл.19).

Таблица 19 – Составы некоторых связок на железной основе

Содержание компонентов, %							
Fe	Cu	Ni	Sn	Zn	Cr	W	MgO
Основа	1,9..18,0	7…18	2…12	-	2…5	-	-
74…80	5…10	-	5…12	-	2,5	-	-
30…50	30…50	-	3…6	3…8	-	1…8	1…10

Применительно к отрезным кругам разделения для микроэлектроники предложены связки на основе железных порошков с добавками меди и никеля, в которых имеет место переменная растворимость в твердом растворе (рис .16) [18 - 21].

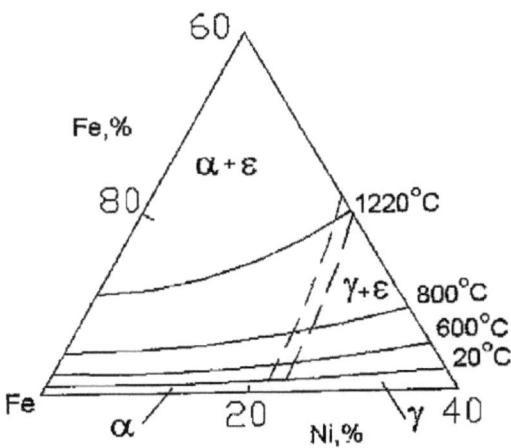

Рис. 16 – Изотермы растворимости в тройной системе Fe - Ni –Cu

Изменение свойств пластин по операциям обработки представлены в табл.20.

Таблица 20 – Изменение свойств пластин состава Fe – 5% Cu – 5% Ni и Fe – 5% Cu – 5% Ni – АСМ 10/7 по операциям обработки

№ цикла	Операция обработки	Безалмазные пластины			Алмазосодержащие пластины			
		h, мкм	$E \cdot 10^3$, МПа	HV, МПа	h, мкм	$E \cdot 10^3$, МПа	HV, МПа	$\sigma_в$, МПа
1	Спекание пластин	-	-	-	-	-	-	9
	Холодная прокатка	105	119	1710	105	-	-	136
2	Спекание	105	146	1330	105	-	-	175
	Прокатка	60	124	1770	60	-	-	200
3	Закалка	60	126	1680	60	-	-	194
	Прокатка	43	145	2180	40	120	2410	224
-	Старение-термофиксация 450^0 С	43	111	2620	40	92	2400	
	500^0 С		120	2350		103	2460	-
	550^0 С		120	2340		97	2240	-
	600^0 С		159	2060		110	2000	-
	650^0 С		153	1950		102	1800	-

Примечание.

Основа – восстановленный железный порошок ПЖВ 3.160.26.

У безалмазных пластин в процессе заключительного старения при температуре 450 ^{0}С значительно повышается микротвердость.

В металлоалмазных пластинах спекание при температурах 800..850 ^{0}С приводит к частичной графитизации зерен алмазов и насыщению твердого раствора γ углеродом. При охлаждении формируется перлитно-ферритная или перлитная микроструктура (рис.18).

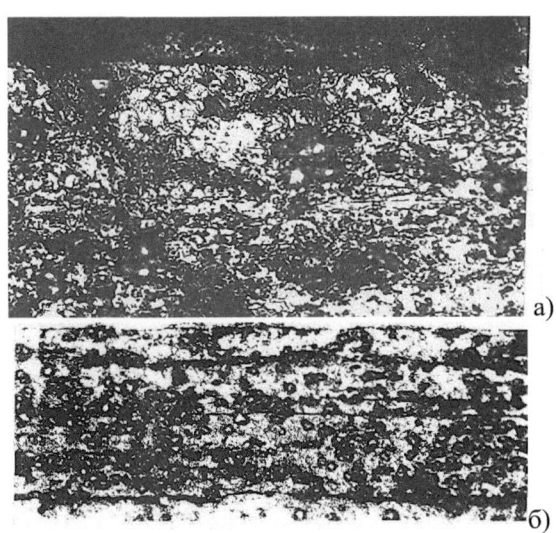

Рис. 18 – Микроструктура металлоалмазных пластин Fe – 5% Cu – 5% Ni после спекания при температуре 800 ^{0}C (а) и 850^{0}C (б) в водороде

Таким образом, в результате спекания формируется строение четырехкомпонентного материала Fe – C - Cu – Ni в основе с перлитной структурой. Старение такого материала практически не развивается, а происходит рекристаллизационный отжиг.

Повышения механических свойств не наблюдается в отличие от трехкомпонентного материала Fe – Cu – Ni со структурой твердого раствора α (легированного феррита).

В микроструктуре материалов Fe – Cu – Ni и Fe – C - Cu – Ni видны тонкие включения нерастворенной меди в виде волокон, вытянутых по направлению прокатки.

Проведено изучение механических свойств по операциям обработки с проведением пяти циклов «тепловая обработка — холодная прокатка» и использованием восстановленного ПЖВ3.160.26 и распыленного ПЖР2.200.26 железных порошков. В качестве алмазных наполнителей вводили 25 об.% порошков АСН 7/5 и АСН 10/7 (табл.21).

49

Таблица 21 - Прочность опытно - промышленных партий пластин (поперек/вдоль) на связке Fe – 5% Cu – 5% Ni по операциям обработки

№ цикла	Операции обработки	Алмазный наполнитель			
		АСН7/5		АСН10/7	
		$Fe_{восст}$	$Fe_{расп}$	$Fe_{восст}$	$Fe_{расп}$
		Предел прочности $\sigma_в$, МПа			
1	Спекание	6/-	10/-	9/-	11/-
	Прокатка	17/37	50/116	58/121	45/136
2	Отжиг	78/86	92/175	132/176	137/175
	Прокатка	97/155	142/242	180/228	200/291
3	Отжиг	149/199	186/223	191/237	147/204
	Прокатка	205/268	173/266	218/252	181/230
4	Отжиг	227/271	235/312	218/277	194/262
	Прокатка	290/320	238/347	278/349	224/338
5	Закалка	283/306	219/301	-	-
	Прокатка на толщину 40 мкм	269/365	257/370	-	-
		Модуль упругости $E \cdot 10^4$, МПа			
		12,7/11,7	11,9/12,8	12,0/12,5	11,5/13,1
		Микротвердость HV, МПа			
		-	-	2410	2090

Как видно, существенных различий предела прочности при растяжении и модуля упругости у металлоалмазных пластин на основе восстановленного и распыленного железных порошков не наблюдается. При использовании одинакового железного порошка и алмазного наполнителя предел прочности при растяжении вдоль прокатки имеет большие значения по сравнению с прочностью поперек прокатки.

Выполнены исследования микроструктуры и механических свойств материалов в виде пластин размером 80х80х0,04 мм на основе легированного железного порошка марки ПЖН2М с содержанием (масс.%) 1,4…2 Ni, 1,3…1,7 Cu, 0,45…0,55 Mo, 0,02С, 0,20 O_2 фракции менее 40 мкм. В состав материала вводили 25% (об.) алмазного порошка АСМ10/7 [22].

Одну партию материала изготовляли из смеси порошка железа ПЖН2Д2М и алмазов, а вторую – с дополнительной добавкой 5% медного и 2% никелевого порошков. В процессе спекания и повторной термической обработки в результате развития процессов частичного растворения поверхностных слоев углерода зерен алмаза в аустените формируется при охлаждении перлитообразная структура с чешуйчатыми пластинками карбидов. Партии материала из смеси с порошками меди и никеля имеют удлиненные волокна нерастворившейся меди, то есть, сформировался композиционный волокнистый материал металлической матрицы.

Пластины толщиной 0,04 мм из смеси порошков железо-алмаз и железо-медь-никель-алмаз имели соответственно предел прочности при растяжении $\sigma_в$ 239 и 232 МПа, модуль упругости Е 115 и 119 ГПа, то есть, не показали заметных различий.

Испытания отрезных кругов по разрезанию пластин кремния толщиной 0,5 мм, закрепленных на вакуумном столе станка с помощью пластмассового спутника с адгезионной пленкой, показали, что работоспособными являются отрезные круги, имеющие медные волокна. Частота вращения круга составляла 50000 мин$^{-1}$, а скорость подачи V_s=40 мм/с. Радиальный износ этих кругов составляет 0,55…0,72 мкм на один метр длины пути резания.

У кругов, изготовленных из смеси порошков железа и алмаза, происходит хрупкое разрушение режущей кромки при резании со скоростью подачи V_s менее 40 мм/с.

Зарубежные круги аналогичного назначения при резании со скоростью подачи V_s=50 мм/с имеют износ 0,55 мкм на один метр пути резания.

Оптимизация режимов упрочняющей термической обработки проведена на безалмазных материалах состава железо – 5% меди - %% никеля. Применено планирование экспериментов с использованием плана Бокса – Бенкина [23]. В качестве варьируемых факторов приняты температура нагрева при закалке X_1 и время выдержки X_2, температура заключительного старения X_3 и время выдержки X_4 (табл.22).

Таблица 22 – Уровни факторов для материала Fe – 5% Cu – 5% Ni

Варьируемый фактор	Код	Уровни факторов		
		нижний	основной	верхний
		-1	0	+1
Температура закалки, ^{0}С	X_1	750	800	850
Время выдержки при закалке, ч	X_2	2	3	4
Температура старения, ^{0}С	X_3	300	400	500
Время выдержки при старении, ч	X_4	1	2	3

На основе выполнения 27 опытов плана экспериментов получено адекватное при уровне значимости 0,05 уравнение регрессии для предела прочности при растяжении Y:

$$Y=399,3+71,6X_1+8,0X_2+30,4X_3+9,9X_4-22,2X_1^2-9,4X_2^2+2,5X_3^2-$$
$$15,9X_4^2+2,8X_1X_2+25,9X_1X_3+14,6X_1X_4+11,5X_2X_3+17,0X_2X_4-21,1X_3X_4$$

Полученное уравнение регрессии путем параллельного переноса начала координат в новый центр и поворота координатных осей было приведено к каноническому виду:

$$Y\text{-}Y_S=B_{11}\cdot X_1^2+B_{22}\cdot X_2^2+B_{33}\cdot X_3^2+B_{44}\cdot X^4$$

Численные значения Y_S и коэффициентов B_{kk} приведены в табл. 23.

Таблица 23 – Значения Y_S и коэффициентов квадратичного уравнения $B_{кк}$ в канонической форме

Y_S	B_{11}	B_{22}	B_{33}	B_{44}
219,8	17,6	-2,8	-18,1	-41,7

Возрастание предела прочности при растяжении достигается повышением температуры нагрева для закалки ($B_{кк}=B_{11}>0$).

Дополнительное повышение твердости, износостойкости, коррозионной стойкости и др. характеристик поверхностных слоев материалов достигалось применением ионного азотирования, карбонитрации, нанесением титанового покрытия, имплантации ионов бора или азота (табл.24) [19,24].

Таблица 24 – Влияние поверхностной обработки пластин на микротвердость связки материала Fe – 5% Cu – 5% Ni

Вид поверхностной обработки и толщина слоя	Насыщающие элементы	Микротвердость HV, МПа (p=0,5H)
Без обработки после последней холодной прокатки	-	2450…2500
Напыление титана τ=50 мин, h=1 мкм	Слой Ti	3330…3550
Ионная имплантация (доза (0,8…1,0) 10^{15} ионов/ см²):		
• Ионы N (h=180 нм)	N	3600
• Ионы B (h=30 нм)	B	4520
Азотирование ионное: t=540 ^{0}С, τ=30 мин, h=8 мкм	N	Нитридный слой (ε+γ´) и γ´; 5200
Карбонитрация: t=560 ^{0}С, τ=20 мин, h=3…4 мкм	~ 0,90 %C ~ 0,70 %N	Карбонитридный слой: $Fe_3(N,C)$ и Fe_4N; 8100

Применение поверхностной обработки привело к возрастанию микротвердости связки.

Износостойкость отрезных кругов. Из опытно–промышленных партий пластин – заготовок на основе меди, никеля, железа изготовлялись круги и испытаны в одинаковых условиях для сквозного разрезания пластин кремния диаметром 76 и 100 мм, закрепленных на адгезионной пленке. Данные о радиальном износе кругов при резании со скоростями подачи V_s=35…100 мм/с приведены на рис. 19 Представлены результаты для кругов на следующих связках: I - Fe – 5% Cu – 5% Ni с АСН 10/7 (1), АСМ 7/5 (2), АСМ 10/7 без поверхностной обработки (3), с покрытием Ti (3-1), ионным азотированием (3-2), ионной имплантацией + покрытие титаном (3-3); II - Ni– 25% Cu – 5%Fe с

АСМ 7/5 (4-1), АСМ 10/7 (4-2), АСН 10/7 (4-3); III - Cu – 6% Sn – 4% Ni с АСМ 10/7НТ20 (5); IV – зарубежные никелевые гальванические (6).

Большая часть испытаний выполнена на скорости подачи V_s=50…75 мм/с. Глубина врезания режущей кромки кругов в адгезионную пленку составляет 30 мкм для экспериментальных кругов N1-5 и 10 мкм для зарубежных кругов N6.

Характерными являются большая величина износа по сравнению с технологией несквозного прорезания пазов в пластинах кремния. Относительно меньший износ имеют отрезные круги с алмазным наполнителем АСН 10/7.

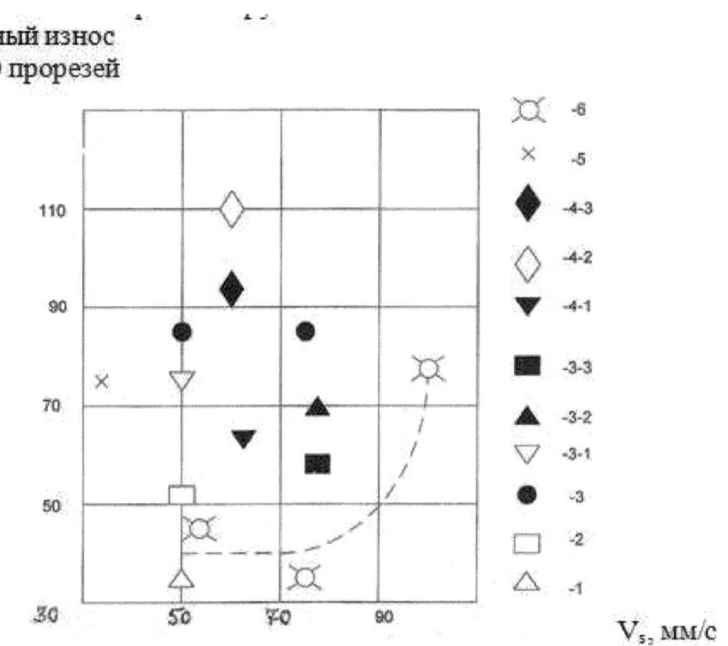

Рис. 19 – Радиальный износ отрезных кругов на разных связках в зависимости от скорости подачи (обозначения в тексте)

Круги на бронзовой связке работоспособны в условиях низкой скорости подачи V_s=37 мм/с и, следовательно, малопроизводительны. Применение никелевой связки Ni– 25% Cu – 5%Fe обеспечивает резание на скорости подачи V_s=60 мм/с.

Отрезные круги на связке Fe – 5% Cu – 5% Ni, имеющие алмазный наполнитель АСМ 10/7 с ионным азотированием (3-2) и ионной имплантацией + покрытие титаном (3-3) при скорости подачи V_s=77 мм/с работоспособны и имеют пониженную величину радиального износа 60…69 мкм/1000 прорезей при диаметре пластин S_i d=100 мм.

Применительно к кругам на железной основе связки не была решена проблема обеспечения длительной коррозионной стойкости инструмента, что не позволило на практике использовать хорошие эксплуатационные характеристики указанных отрезных кругов.

Наиболее приемлимы по данным настоящих исследований для сквозного разрезания пластин кремния диаметром 75 и 100 мм, закрепленных на адгезионной пленке, отрезные круги на никелевой связке типа Ni– 25% Cu – 5%Fe с алмазными наполнителями АСМ 7/5 и АСМ 10/7 (АСН10/7). Применение технологии регулируемого охлаждения при закалке позволяет получить величины «разрушающей» скорости подачи V_{sp} отрезных кругов при разрезании пластин кремния до 85…95 мм/с.

7. ПРОГНОЗИРОВАНИЕ РАБОТОСПОСОБНОСТИ ОТРЕЗНЫХ КРУГОВ

На прочность металлоалмазных композиций после окончательной операции старения значительное влияние оказывает алмазный наполнитель. Зёрна алмазов можно представлять как своеобразные поры в металлической матрице. При возрастании количества пор в следствие удаления частиц металла уменьшается число контактов между частицами («каркасное» разупрочнение).

Показано, что для оценочных расчётов предела прочности при растяжении в зависимости от содержания алмазного наполнителя можно использовать формулу Е. Рышкевича:

$$\sigma_B = \sigma_0 * e^{-вп}$$

где σ_B – предел прочности беспористого материала, полученного способом порошковой металлургии; П- пористость; в- константа.

При расчётах прочности пластин на связке Cu=-6,5%, Sn – 4%, Ni.

принято σ_0 и «в» приведён в табл. 25 для беспористых материалов из металлических порошков [12].

Таблица 25 - Значения величин «σ_0» и «в» для порошковых материалов

Материал порошка	Предел прочности σ_0, МПа.	Относительное сужение ψ, %.	в
Титан гидриднокальцевый	680	48,9	7
Сплав Х20Н60	680	63,9...64,4	6,5
Сталь Х18Н15	550	75,2...77,8	5...6
Никель	350	87,2...89,2	5

Как видно, с уменьшением пластичности (величины ψ) беспористых порошковых материалов в отожжённом строении численное значение константы «в» возрастает. Следовательно, «в» в формуле Е. Рышкевича можно рассматривать как относительный интегральный показатель хрупкости материала.

Применительно к металлоалмазным материалам на бронзовой связке при введении 8% Sn и 8% Ni численное значение константы «в» повышается до в=6,2...7,2 в зависимости от химического состава, т. е. пластичность материала уменьшается.

Эксплуатационные испытания отрезных кругов из металлоалмазных пластин с разным химическим составом связки Cu-Sn-Ni отличавшихся величиной «в», показали следующие результаты. «Разрушающая» скорость подачи V_{SP} отрезных кругов снижается с увеличением константы «в» металлоалмазных пластин, то есть, уменьшением пластичности материала.

Между указанными величинами имеется функциональная зависимость (рис.20). Следовательно, работоспособность отрезных кругов можно оценочно прогнозировать по результатам статических испытаний на прочность [12,16].

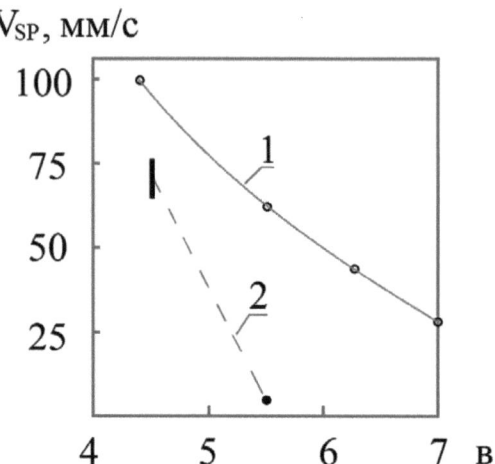

Рис. 20. Соотношение между V_{SP} и константой «в»:
1 – прорезание несквозных пазов в кремнии;
2 – сквозное разрезание с креплением пластин на адгезионной плёнке.

С целью прогнозирования и оптимизации физико-механических свойств и химического состава металлоалмазных композиций в рассматриваемых исследованиях использованы различные методы планирования экспериментов: факторное планирование, получение квадратичных моделей, симплекс - решетчато планирование [25-29].

На основе получаемых математических моделей и выполненных расчётов с использованием приложения Microsoft Excel далее проводились графоаналитические исследования результатов экспериментов. Это позволило прогнозировать и получать композиции с заданным комплексом свойств [30].

ЗАКЛЮЧЕНИЕ

Интенсивное развитие технологий производства изделий электронной техники (интегральных микросхем, микропроцессоров и др.) обусловило разработку проблем специфических вопросов алмазно-абразивного разделения пластин из хрупких полупроводниковых и диэлектрических материалов.

В рассматриваемой работе систематизированы результаты исследований в области создания металлоалмазных композиций способами порошковой металлургии. Эти композиции предназначены для изготовления отрезных кругов с наружной алмазосодержащей режущей кромкой, используемых с целью разделения пластин с группой изделий электронной техники теми или иными способами на отдельные элементы-кристаллы по разделительным дорожкам.

Дан анализ условий работы отрезных кругов и требований к их свойствам. Приведена классификация используемых алмазных наполнителей в композиционных материалах для отрезных кругов.

Обоснованы составы металлических матриц для отрезных кругов, позволяющие проводить упрочняющую механико-термическую обработку. Описана технология изготовления тонколистовых металлоалмазных материалов в виде пластин-заготовок кругов.

В основных разделах представлены оригинальные результаты исследований по созданию алмазосодержащих композиций на основе меди, никеля, железа. Это трёхкомпонентные составы, отличительной особенностью которых является наличие переменной растворимости в твёрдом состоянии легирующих элементов в основном компоненте.

Оптимизация химического состава металлических матриц и технологических режимов изготовления металлоалмазных композиций проведено с использованием ряда методов планирования экспериментов. Это факторное планирование, симплекс - решётчатое планирование строение квадратичных моделей по планам Бокса-Бенкена второго порядка.

Прогнозирование физико-механических свойств композиций осуществлено применением графоаналитических исследований получаемых при планировании экспериментов математических моделей.

Представлены данные о характеристиках отрезных кругов, применяемых для осуществления разделения пластин из кремния, особо твёрдых материалов и особо хрупких материалов [31].

Разработана методология прогнозирования работоспособности отрезных кругов в эксплуатации по результатам статических испытаний металлоалмазных пластин на прочность с проведением расчётов по формуле Е. Рышкевича и оценкой величины константы «в». Показано, что данная константа «в» является относительным интегральным показателем хрупкости материалов из металлических порошков.

Представленные результаты обширных исследований и разработок по созданию металлоалмазных композиций для отрезных кругов разделения в микроэлектроники получены в работах Нижегородской научно-технологической школы порошковой металлургии и материаловедения Российской Федерации, которую основал в 1950-е годы доктор технических наук, профессор Геннадий Иванович Аксёнов (1900-1990).

БИБЛИОГРАФИЧЕСКИЙ СПИСОК

1. Обработка полупроводниковых материалов / В. И. Карбань, П. Кой, В. В. Рогов [и др]; под ред. Н. В. Новикова, В. Бертольди. – Киев: Наукова думка 1982. – 256 с.

2. Шуваев Г. В. Резка неметаллических материалов алмазными кругами / Г. В. Шуваев, В. К. Сорокин, Ю. Н. Зимицкий. – М: Машиностроение, 1989. – 80 с. (Новости технологии).

3. Сорокин, В. К. Основы материаловедения и конструкционные материалы: учебное пособие / В. К. Сорокин, НГТУ. Нижний Новгород, 2006. – 226 с.

4. Никитин, Ю. И. Технология изготовления и контроль качества алмазных порошков / Ю. И. Никитин. – Киев: Наукова думка, 1084. – 264 с.

5. Порошки, инструмент и пасты из синтетических алмазов: Каталог – справочник.- Киев: Наукова думка, 1981. – 144 с.

6. Инструмент из металлизированных сверхтвёрды материалов / Е. М. Чистяков, А. А. Шепелев, Т. М. Дуда, В. П. Черных. – Киев: Наукова думка, 1982. – 204 с.

7. Сорокин, В. К. Технология изготовления и оборудование по производству порошковых и композиционных материалов и изделий: Учебное пособие / В. К. Сорокин, Л. С. Шмелёв. – НГТУ им. Р. Е. Алексеева. Нижний Новгород, 2011. - 184 с.

8. Смирягин А. П. Промышленные цветные металлы и сплавы: Справочник / А. П. Смирягин, Н. А. Смирягина, А. П. Белова. – М.: Металлургия, 1974. – 488 с.

9. Сорокин, В. К. Получение алмазных отрезных кругов на металлической связке медь-олово-никель / В. К. Сорокин, Г. В, Шуваев, Ю. Н. Зимицкий // Электронная техника. Серия 7. 1981, вып. 3. (106). – с. 65-67.

10. Сорокин, В. К. Исследование прочностных свойств алмазометаллической ленты / В. К. Сорокин // Порошковая металлургия. 1977, №7. с. 89-91.

11. Сорокин, В. К. Прогнозирование прочностных свойств алмазометаллической ленты для алмазных отрезных кругов. / В. К. Сорокин, Г. В, Шуваев, Ю. Н. Зимицкий // Электронная техника. Серия 7. 1984. Вып. 3. (124). –с. 52-54.

12. Производство порошкового проката / В. К. Сорокин, Л. С. Шмелёв, Б. Ф. Антипов [и др]; под ред. В. К. Сорокин. –М.: Металургиздат. 2002. -296 с.

13. Сорокин, В. К. Алмазосодержащий армированный прокат для отрезных кругов / В. К. Сорокин // Материаловедение и металлургия: труды НГТУ. Нижний Новгород, 2006. Том 57. – с. 139-142.

14. Чуприна, В. Г. Рентгенографическое исследование покрытий Mn-Ni-Sn-Ti, нанесение на алмаз / В. Г. Чуприна, А. И. Князева, И. А. Лавриненко, Ю. В. Найдич, // Порошковая металлургия. 1984. №1. – с. 40-44.

15. Сорокин, В. К. Структура и свойства спечённого алмазометаллического материала / В. К. Сорокин, А. Г. Елизаров, А. А, Баранов [и др.] // Порошковая металлургия и металловедение: Межвузовский сборник научных трудов / Куйбышевский авиационный институт им. С. П. Королёва. Куйбышев, 1990. – с. 16-19.

16. Сорокин, В. К. Свойства металлоалмазных тонколистовых материалов на никелевой связке / В. К. Сорокин, Л. С. Шмелёв, А. Г. Елизаров // Порошковая металлургия // 1995. № 5-6.

17. Сорокин, В. К. Механические свойства алмазно-никелевых порошковых композиций / В. К. Сорокин // Электронная техника. Серия 7. 1993. Вып. 1. (176). – с. 31-32.

18. Сорокин, В. К. Изготовление тонких пластин и отрезных кругов с алмазными микропорошками / В. К, Сорокин, Л. С. Шмелёв, А. Г. Елизаров // Сталь. 1994. №7. – С. 67-69.

19. Сорокин В. К. Материалы из композиций железо-алмаз для ГАП электронной техники / В. К. Сорокин, Т. М, Колосова, Л. С. Шмелёв // Материаловедение и металлургия: Труды НГТУ. Нижний Новгород, 2004. Том 42. – с. 244–251.

20. Банных О. А. Диаграммы состояния двойных и многокомпонентных систем на основе железа: Справочное издание / О. А. Банных, П. Б. Пудберг, С. П. Алисова [и др.]. – М.: Металлургия, 1986. – 440 с.

21. Медь в чёрных металлах / под ред. И. Ле Мея и Л. М. -Д. Шетки: (Пер. с. англ.). М.: Металлургия, 1988. – 312 .

22. Сорокин, В. К. Применение легированного порошка железа для получения алмазосодержащих листовых материалов / В. К, Сорокин, Т. М, Колосова, А. Г. Елизаров // Управление строением отливок и слитков. Межвузовский сборник научных трудов. НГТУ. Нижний Новгород, 1997. – с 115-117.

23. Колосова, Т. М. Алмазосодержащие материалы для отрезного инструмента на основе железного порошка/ Т. М. Колосова, В. К. Сорокин, С. В. Костромин, Е. С. Беляев // Современные проблемы науки и образования. 2013. №2 (URL: www.Science-education.ru/108-8987.)

24. Симон, Г. Прикладная техника обработки поверхности металлических материалов. Справочное издание (пер. с немецкого) / Г. Симон, М. Томан. – Челябинск: Металлургия, 1991. – 368 с.

25. Монтгомери, Д. К. Планирование эксперимента и анализ данных: (Пер. с англ.) / Д. К. Монтгомери. – Л.: Судостроение 1980. – 384.

26. Джонсон, Н. Статистика и планирование эксперимента в науке и технике. Методы планирования экспериментов: (пер. с Англ.) / Н. Джонсон, Ф. Лтан. М.: Мир 1991. – 520 с.

27. Математическая теория планирования эксперимента / под. ред. С. М. Ермакова. – М.: Наука, 1983. – 392 с.

28. Новик, Ф. С. Планирование эксперимента на симплексе при изучении металлических систем / Ф. С. Новик – М.: Металлургия, 1985. – 256 с.

29. Спиридонов, А. А. Планирование эксперимента при исследовании технологических процессов / А. А. Спиридонов. – М.: Машиностроение, 1981. – 184 с.

30.Сорокин, В. К. Материаловедение. Прогнозирование свойств материалов: Комплекс учебно-методических материалов / В. К. Сорокин, Т. М. Колосова; НГТУ. Нижний Новгород, 2010. – 78.

31. Сорокин, В. К. Особенности материаловедения и свойств инструментов для алмазно–абразивной резки / В. К. Сорокин // Материаловедение и металлургия: Труды НГТУ. Нижний Новгород, 2003. Том 38. – с. 282-290.